感染症に挑む

創薬する微生物 放線菌

杉山政則 [著]

コーディネーター 高橋洋子

KYORITSU
Smart
Selection

共立スマートセレクション
22

共立出版

まえがき

2015年10月5日,「大村 智 北里大学特別栄誉教授がノーベル医学・生理学賞を受賞」との報道に日本国民は歓喜の声を上げた.大村先生は長期にわたって自然環境からの放線菌の探索分離を進めてきた研究者であり,静岡県伊東市川奈の土壌から単離した放線菌 *Streptomyces* (*S.*) *avermectinius* (旧名:*S. avermitilis*) がノーベル賞を受賞するきっかけを与えることとなった.この菌株が寄生虫に有効な抗生物質をつくることが見出され,その物質に「エバーメクチン」という名前がつけられた.その後,エバーメクチンを化学変換することで毒性を軽減し,かつ,抗寄生虫活性を高めた「イベルメクチン」が開発された.現在,オンコセルカ症やリンパ系フィラリア症などの寄生虫感染症の撲滅作戦にイベルメクチンが活躍している.世界保健機関(WHO)によれば,2020年にはこの寄生虫感染症はほぼ撲滅されるという.

わが国の放線菌研究者にノーベル医学・生理学賞が授与されたことに,筆者自身,率直に嬉しいと感じる.なぜなら筆者は,大村先生と同様,抗生物質を産生する「放線菌」を研究材料とし,しかも同じ「日本放線菌学会」の会員でもあり,放線菌研究が評価されたことに通じるからである.受賞発表翌日のテレビ特番で,採取した土壌を容器に入れる大村先生の姿が映し出された.その映像はまさに,土壌試料のなかに新規抗生物質をつくる「放線菌」を追い求める研究者の姿であった.

ところで,多くの人々は「抗生物質」という言葉を知っている.

しかしながら，「放線菌」と称する微生物がいることを知っている人は極めて少数であろう．抗生物質は，細菌や真菌（カビ・酵母）が原因の感染症治療に不可欠な医薬品であり，病院での受診後に処方された経験がある読者も多いに違いない．ちなみに，放線菌は肥沃な土地の地下 10 cm ほどの土壌中に多く棲息しており，土壌の臭いは放線菌の発する臭いだとする土壌微生物学者もいる．

　本書では，「抗生物質をつくる微生物，それが放線菌だ」との思いを読者に伝えるため，筆者のこれまでの研究成果を織り交ぜながら，「放線菌は，どんな特徴をもつ微生物なのか」，「放線菌が，いかなる医療用抗生物質をつくるのか」，「抗生物質は，どのような機構で病原菌に作用し，死に至らしめるのか」などを解説する．

　2010 年筆者は，共立出版から『基礎と応用 現代微生物学』を刊行した．本書ではそのなかの，「感染症と病原体との関係」，「微生物由来の医薬品学としての抗生物質論」，「抗生物質に対する生産菌の自己耐性機構」などにスポットライトを当てて執筆した．これに加え，「感染症を克服するために人類が成してきた努力」を筆者自身が再認識するとともに，筆者の研究を，今後，感染症の克服に向けてどのように生かし，かつ，展開してゆくべきかを再考するきっかけにしたかった．

　ここに，本書の執筆の機会を与えて下さった，共立出版編集部の横田穂波さん（平成 28 年 3 月定年退任）および同編集部の山内千尋さんに心より感謝申し上げます．さらに，本書の内容紹介および査読を担当して下さいました，北里生命科学研究所の高橋洋子名誉教授に深謝申し上げます．

　平成 29 年 11 月吉日　　　　　　　　　　　　　　　　杉山政則

目　次

序　章 ………………………………………………………………………… 1

① 人類を襲う感染症 ………………………………………………… 9

- 1.1 最恐なる感染症　9
- 1.2 抗生物質と感染症　11
- 1.3 エマージング感染症　12
- 1.4 病原体の感染による病状の特徴　14

② 感染症治療薬の歴史 …………………………………………… 47

- 2.1 化学療法剤　48
- 2.2 半合成ペニシリンの開発　51
- 2.3 放線菌が生む抗生物質　53

③ 抗生物質の種類と作用機序 ………………………………… 61

- 3.1 化学構造の特徴による抗生物質の分類　62
- 3.2 半合成抗菌剤　64
- 3.3 抗生物質の作用機序　65

④ 抗生物質耐性菌の脅威 ………………………………………… 73

- 4.1 薬剤耐性菌の出現　73
- 4.2 MRSA と VRE およびディフィシル菌の脅威　80
- 4.3 新たな抗生物質の開発　85

⑤ 抗生物質を生む放線菌 ………………………………………… 87

- 5.1 放線菌の特徴　88

5.2 抗生物質の生産を制御するスイッチ　92

5.3 抗生物質生産菌の自己耐性　95

5.4 放線菌のゲノム情報　106

5.5 抗生物質が遺伝子発現を制御する　113

(6) 次世代感染症治療薬 ……………………………………… 117

参考図書・引用文献 ……………………………………… 125

跋　文 ……………………………………………………… 130

感染症と，放線菌のつくる抗生物質―そのせめぎ合いに迫る―
（コーディネーター　高橋洋子）………………………… 137

索　引 ……………………………………………………… 145

序　章

　自然界にはさまざまな微生物がいるが，それらを分類する方法として「細胞サイズ」で分けるという考え方がある．それに従えば，微生物は，「ウイルス」，「細菌」，「真菌」，「原虫（＝原生動物）」の4群に大別できよう．そして，各群それぞれに感染症を引き起こす病原体がいる．たとえば病原性細菌がヒトや動物に感染すると，生体内で増えながら毒素を産生し，組織や臓器を破壊し，重篤な症状を引き起こす．病原体の感染が原因で起きる疾患を「感染症」といい，ヒトからヒトへ，あるいは動物からヒトへと伝搬する感染症を「伝染病」と呼んでいる．

　厚生労働省の2015年（平成27年）1月から12月までの人口動態統計によると，死因の第1位は悪性新生物（全死亡者に占める割合：28.7%）で，第2位は心疾患（15.2%），第3位が肺炎（9.4%）である．肺炎の原因菌はさまざまであるが，細菌が関与する肺炎の治療には抗生物質が適用される．ちなみに，肺炎による死亡者の97% は65歳以上の高齢者であり，そのなかに誤嚥性肺炎の患者がかなりいる．

　ところで，肉眼では見えない生物が存在することは今や周知の事実であるが，それを最初に気づかせてくれた研究者がオランダのレーベンフック（Antoni van Leeuwenhock）である．17世紀後半，彼は手づくりの顕微鏡を用いて，水たまりのなかにも小さな生物がいることを観察した．微生物の研究が本格的に始動したのは19世紀の後半で，フランスの科学者パストゥール（Luis Pasteur）

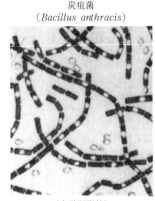

炭疽菌
(*Bacillus anthracis*)
（光学顕微鏡）

黄色ブドウ球菌
(*Staphylococcus aureus*)
（走査型電子顕微鏡）

図1　病原性細菌

とドイツの医師コッホ(Robert Koch)が細菌学の興隆期に貢献した．パストゥールは，醗酵や腐敗に微生物が関与することを実証したが，彼の代表的な医学関連の業績は，何といっても狂犬病のワクチンを開発したことであろう．一方，コッホは1875年に結核菌を発見したほか，その後も，炭疽菌（1876年）や黄色ブドウ球菌(*Staphylococcus aureus*)を発見している（1878年）（**図1**）．黄色ブドウ球菌はヒトの皮膚表面や粘膜に化膿性疾患を引き起こす細菌としても有名である．他方，動物に「炭疽」病を引き起こす炭疽菌(*Bacillus anthracis*)は，動物を介して稀にヒトに感染する．炭疽菌の毒素は感染部だけでなく，全身の組織をも破壊する．炭疽菌が血中に侵入すると，血流に乗って各臓器に達し，最終的には敗血症を引き起こして死に至らしめる．

　コッホは，炭疽で死んだ動物の血液のなかに微生物を認め，その血液をマウスに注射してみた．その結果，マウスの血液のなかに，炭疽で死んだ動物から採取したものと同じ細菌を観察した．これが

炭疽の病原体バチルス・アンスラシス（*Bacillus anthracis*）である．コッホの実験は，特定の微生物が特定の病気を起こすことを証明した世界で最初の事例となり，これをきっかけに感染症の病原体を特定する際の指針「コッホの四原則」を提唱した．彼は，伝染病の病原体を特定するには次の4項目をクリアしなければならないと訴えた．その項目としては，①病変部には必ず微生物が検出されなくてはならない，②その微生物をその病変部から分離できなければならない，③分離した当該微生物を純粋培養して動物などに接種したとき，元のものと同じ病気を発症しなければならない，④その病変部からは同じ微生物が分離できなければならない，を挙げている．これを「コッホの四原則」と呼んでいるが，③項と④項を1つにまとめて「コッホの三原則」とすることもある．この原則に基づき，19世紀末までに，細菌が関係した伝染病の病原体が数多く発見された．それにかかわったおもな科学者の肖像写真を**図2**に示す．

　わが国の「細菌学」は，病原体を扱う学問として医学部を中心に発展してきた．国内の細菌学の貢献者の名を挙げるとすれば，最初に北里柴三郎であろう．彼はペスト菌の発見（1894年）者として知られている．ただし，同時期にパリ・パストゥール研究所（Institut Pasteur, Paris）のイェルサン（Alexandre Yersin）も香港でペスト菌を発見している．結局，ペストとペスト菌の因果関係を最初に結びつけたのはイェルサンであったことが認定され，ペスト菌の学名は彼の名前にちなんで *Yersinia pestis* と命名された．北里はドイツに渡ってコッホに師事し，留学中の1889年（明治22年）に破傷風菌 *Clostridium tenani* の純粋培養に成功した．さらに，破傷風細菌の毒素に対する免疫抗体の開発を通じ，ペストの治療のために血清療法も開発した．その功績により，北里は世界的な

図2 細菌学の発展に貢献したおもな科学者

名声を得てノーベル賞の候補者として推薦されたことがある.

当時,福沢諭吉が北里のために創設した伝染病研究所(現在の東京大学医科学研究所)にいた志賀 潔は,赤痢菌 *Shigella dysenteriae* を発見した.赤痢菌の属名(*Shigella*)は志賀の姓にちなんでつけられた.その後,志賀はドイツに渡ってエールリッヒ(Paul Ehrlich)に師事し,原虫による感染症の1つである「トリパノソーマ症」に有効な薬剤を開発している.

1898年,野口英世は北里の率いる伝染病研究所の助手に採用され,1900年には米国カーネギー研究所の助手を務めた.のちにロ

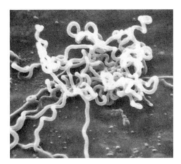

図3 スピロヘータ (spirochaeta)

ックフェラー研究所に移った野口は，1911年，梅毒の原因となるスピロヘータ（Spirochaeta）の純粋培養に成功したのである（**図3**）．1913年には，梅毒で死んだ患者の脳や脊髄中にスピロヘータを見つけた．これこそが彼の輝かしい業績といえる．梅毒が進行すると脳や神経の組織が破壊され，精神障害が起きる．この病状を「麻痺性痴呆症」と呼んでいる．野口の発見は，スピロヘータを除菌できれば，精神疾患の治療が可能となることを示唆するものである．野口がロックフェラー研究所の正式研究員となったのは1914年，それから4年後に南米のエクアドルに出向き，「黄熱病」の病原体を発見したと発表した．彼はこの病原体をスピロヘータと報告したが，彼が亡くなったのち，その病原体はスピロヘータではなくウイルスであることがわかる．残念ながら，野口は黄熱病研究のために渡ったアフリカの国ガーナで黄熱病を発症し，1928年に亡くなった．彼の生きた時代には「細菌よりも小さな微生物がいる」との概念は存在しなかったのである．現在では，野口は，黄熱病と似た病状を表す「ワイル（Weil）病」を「黄熱病」と取り違えたのだろうと見なされている．細菌よりも極めて小さな病原体（ウイルス）が存在するとの発見は，電子顕微鏡が発明されるまで待たねばならな

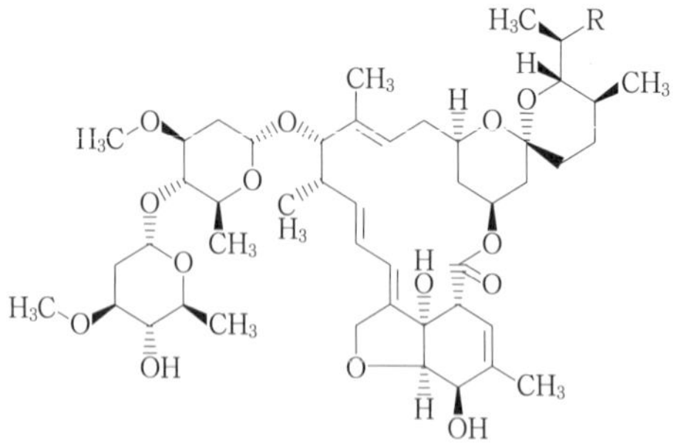

図4　イベルメクチン (ivermectin)

かった．ちなみに，ワイル病の症状としては，2 日～3 週間の症状のない期間のあと，頭痛，発熱，悪感，筋肉痛，吐き気，下痢や腹痛などが現れるほか，皮膚に発疹や黄疸が出ることもある．

　大村　智教授は，土壌から放線菌 *Streptomyces avermectinius* OS-3153 を分離し，その後，この菌株が寄生虫の駆除に極めて有効な抗生物質エバーメクチン（avermectin）をつくることを，米国の Merk & Co 社，および抗寄生虫薬の *in vivo*（生体内）評価法を作出した W. Campbell 博士との共同研究の過程で見つけた．さらに，米国メルク社との産学連携研究が功を奏し，エバーメクチンの化学構造の一部を化学的に変換した「イベルメクチン（ivermectin）」が開発された（**図 4**）．この抗生物質は，蚊やブヨなどが媒介する「オンコセルカ症」や「リンパ性フィラリア症」など熱帯地域で発生率の高い寄生虫感染症に極めて有効であることが判明し，現在，世界中で汎用されている．なお，オンコセルカ症を放置すると最悪の場合は失明する．大村先生は，大学と企業との産学連携研究を通じ，土壌微生物のつくる抗寄生虫物質を医薬品として世の中に登場させる道を拓いた．

　大村先生は，受賞が決まった記者会見の席で「私は微生物の力を

借りただけです」と発言され，続いて「科学者はいつも人類のために仕事をしなければなりません」とコメントされた．筆者はこれを聞いて，研究者としての強い意志，謙虚さ，ならびに情熱を大村先生に感じた．それに加え，大学の基礎研究を産学連携で実用化につなげることの重要性を痛感し，自身の今後の研究の進め方に対し一石を投じられた感があった．

　筆者は，研究対象として放線菌を扱ってすでに40年を超えている．ただし，大村先生のように新しい抗生物質や放線菌を発見するというより，もう少し基礎生物学的疑問である「抗生物質が放線菌の細胞内でどのようなプロセスで生合成されるのか」，ならびに「抗生物質は病原菌に対して "毒物" として作用するが，それをつくる微生物は自らつくる "毒物" からどのように生体防御しているのか．そこには，当然，自己を守る機構を備えているに違いない」などの疑問を解決したいとの思いをずっともっていた．

　かつて筆者は，広島大学（醸酵工学科）で4年次に行われる研究室選択の際，生合成化学教室（能美良作教授）への配属を希望した．そして，上記疑問を能美教授に伝えて以来，43年にわたり，「抗生物質の生合成」と「抗生物質生産菌の自己耐性機構の解明」を研究テーマとしてきた．

　さて，細菌感染症の治療薬といえば，おもに放線菌や糸状菌（カビ）などにより産生される「抗生物質」である．ペニシリンの発見以降は，有機合成化学の手法も取り入れて「半合成ペニシリン」も開発されるようになった．医師や薬剤師の多くは，微生物由来の抗生物質や半合成抗生物質を「抗菌剤」とか「抗生剤」とか呼んでいるが，いずれにしても抗生物質の母核は放線菌由来のものがほとんどであり，この微生物は創薬分野では重要な地位を占めている．

　放線菌は形態的にはカビ（黴，糸状菌）に似ているが，細胞壁成

分やタンパク質合成装置であるリボソームは糸状菌や酵母のような真核生物型ではなく原核生物型であることから，放線菌は明らかに細菌の仲間である．なお，近年の健康志向のなかで頻繁に耳にする「ビフィズス菌」は，「乳酸菌」とともに語られることが多いが，分類学的には放線菌の仲間である．ただし，多くの放線菌は好気性で生育に酸素を必要とするのに対し，ビフィズス菌は酸素のあるところでは増殖できないという大きな違いがある．

① 人類を襲う感染症

1.1 最恐なる感染症

「人類がこれまでに直面してきた最も恐れる感染症とは何か」と問われたとき，何を真っ先に挙げるであろうか．筆者としては，それが細菌感染症の場合には「黒死病」と恐れられた「ペスト」を挙げる．ペストは，西暦541年から542年にかけて東ローマ帝国を襲い，14世紀にもヨーロッパで大流行した．当時のヨーロッパの総人口は約1億人で，死者はそのうちの2,500万人と推定されている．さらに，1855年には中国雲南省でもペストが大流行した．19世紀はまだ抗生物質が発見されていない時代であり，原因が何もわからないまま，人類はこの伝染病に恐れ慄いた．

次に恐怖のウイルス感染症を1例挙げてみよう．1976年6月末，スーダン南部の男性が出血熱様の症状を示し病院を訪れた．これが，「エボラ出血熱（Ebola hemorrhagic fever）」の症状とエボラウイルスの存在を人類が初めて知るきっかけとなった．のちにわ

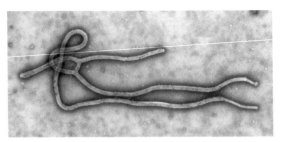

図 1.1　エボラウイルス (*Ebolavirus*)

かったことであるが，エボラウイルスを電子顕微鏡で観察すると，「紐（ひも）」のような形状をしていることがわかる（**図 1.1**）．

　エボラウイルスに感染すると，高熱が出て，頭，咽喉，胸部に痛みが生じ，激しい下痢症状をきたす．さらに症状が進むと，胃，肝臓，腎臓，肺などから出血するほか，脳，皮膚，それに粘膜からも血液が噴き出し，挙げ句の果ては死を待つだけとなる．この出血は，エボラウイルスが血管組織に侵入後，血管をつくっている細胞組織を破壊することから起きる．その他のウイルス感染症はあとで述べるが，AIDS や SARS といったエマージングウイルス感染症（突如として現れる感染症のこと）も人類に強烈な恐怖を与えている．いずれにしても病原体感染後の致死率の高さと根本的な治療薬のない感染症は，人類にとって大きな脅威である．

　1929 年のペニシリンの発見以降，病原性細菌に効果を発揮する抗生物質が数多く開発され，これで細菌感染症は克服できたかに見えた．しかしながら，抗生物質の乱用や長期にわたる投与が抗生物質に対する耐性菌を必ず生じさせているほか，ウイルス感染症に至っては有効な抗生物質は未だ存在していない．

1.2 抗生物質と感染症

　わが国で「感染症の予防及び感染症の患者に対する医療に関する法律」に規定されている特定感染症は，法定伝染病と指定伝染病とに分けられている．法定伝染病は 11 種類で，具体的には，コレラ，赤痢，腸チフス，パラチフス，発疹チフス，猩紅熱，ジフテリア，流行性脳脊髄膜炎，ペストの 9 種類の細菌感染症に加えて，日本脳炎，痘瘡の 2 種類のウイルス感染症である．他方，指定伝染病は，急性灰白髄炎（ポリオ），ラッサ熱といった 2 種類のウイルス感染症と，腸管出血性大腸菌感染症の計 3 種類である．感染症にはヒトからヒトへと感染するもの，動物や昆虫からヒトへ感染するもの，食物を通じて感染するものなどがある．

　感染症の治療薬開発は 20 世紀になって大きく進展した．1929 年，英国の科学者フレミング（Alexander Fleming）は，青カビの一種 *Penicillium notatum* が黄色ブドウ球菌の増殖を阻害する物質を産生することを発見し，その物質を「ペニシリン」と名づけた．この成果は英国実験病理学雑誌 10 巻，226 頁（1929 年）に掲載された．その 10 年後，フローリー（Howard Walter Florey）とチェーン（Ernst Boris Chain）による研究が功を奏し（**図 1.2**），ペニシリンが細菌感染症の治療薬として臨床現場で活躍する道が拓かれた．それを契機に，微生物がつくる細菌増殖阻害剤の探索が世界中で行われていった．

　ペニシリンの発見に続く 2 番手はストレプトマイシン（1944 年）で，以後，クロラムフェニコール（1947 年），オキシテトラサイクリン（1950 年），エリスロマイシン（1952 年）などの主要な抗生物質が順次発見されていった．一方，ウイルス感染症の予防対策用ワクチンはあるものの，ウイルス感染症に有効な抗生物質は未だ見出

フローリー　　　　　　　　チェーン
図1.2　ペニシリンの再発見に貢献した科学者

されていないのも現実である.

　土壌から分離した放線菌ストレプトマイセス・グリセウス (*Streptomyces griseus*) のつくる物質が結核菌の増殖を著しく阻害することを発見したのは, 米国ラトガース大学のワクスマン (Selman A. Waksman) 教授である. それは1944年のことで, 彼は1952年,「結核に有効なストレプトマイシン (streptomycin) の発見」によりノーベル医学・生理学賞を受賞している. ワクスマンは,「微生物が生産する物質で, 微生物の増殖を阻害する物質」を抗生物質 (antibiotic) と称することを提唱した.

1.3　エマージング感染症

　1960年代になると, ポリオや麻疹に対するワクチンが開発され, 急性ウイルス感染症については予防可能な時代に突入したかに見えた. ところが, 天然痘の根絶宣言を WHO が出した1981年には,

「後天性免疫不全症候群」を誘発するウイルスが突如出現した．このウイルスを HIV (human immuno-deficiency virus) ウイルスまたは AIDS (acquired immuno-deficiency syndrome) ウイルスと呼んでいる．なお，AIDS ウイルスのように，新規に見つかったウイルスをエマージング (emerging) ウイルスと呼び，WHO はエマージング感染症を「かつては知られておらず，新しく認識された感染症」と定義している．エマージングウイルスは，いったいどのような経緯で出現したのであろうか．

　たとえば，都市が拡大するに従い，住民は次第に郊外へと追いやられていく．そこで，居住地を確保しようと森林が伐採され，人々はその開発された土地に移り住むことになる．それまで野生の鳥や動物の棲み処だった地域に家を建てると，これまで人間社会から隔離されていた動物ウイルスや病原菌は住民と接触する機会が増える．それが新しい感染症を人間に引き起こす要因となった可能性は高く，ライム (Lyme) 病もその一例である．この病気は関節炎に似た症状で，蚊やダニやノミに刺されて発症する．コネチカット州オールド・ライムの町の人たちが夏に限ってこの病気にかかった．オールド・ライムはかつて森林地域だったが，のちに宅地開発が進んで街となった．その街に出没したシカと住民とが接触したことにより，シカに付着したダニに触れて感染してしまったのだった．なお，ライム病の病原体はウイルスではなく，ダニの保有する細菌の仲間スピロヘータ・ボレリア (*Spirochaeta borrelia*) である．

　近年，地球人口は右肩上がりに増加している．それに伴い食料の高生産が必要となり，国によっては衛生環境についての考慮なしに，多くの家畜をヒトの居住地域で飼育することを許さざるを得ない．このことは，それぞれの家畜に寄生したウイルス同士を接近させて飼育することにつながり，最悪の場合，ウイルス同士で遺伝子

交換が起きる可能性もある．その結果，人間を襲う新種のウイルスが出現しないとも限らない．また，生命科学研究がマイナスに働く可能性もある．たとえば，研究の一環として人工変異させたウイルスを創出できたとしよう．その変異ウイルスが人類に最悪の結果を与えるかもしれないのだ．

地球は人口増だけではなく，確実に温暖化に向かっている．地球を取り巻く温室効果によって，これから数十年のうちに世界の気温が摂氏で5℃上昇するとの予測がある．こうした地球の温暖化は，ウイルスを媒介する昆虫の幼虫から成虫への変化速度も早めることになる．通常より気温が少し高くなったり，夏期間が少し長くなったりすると，病気の伝染性に大きな変化を与える．このような変化は，たとえば病原ウイルスを媒介する蚊の大量発生を促しかねない．たとえ地球の温暖化がわずかであっても，昆虫とそれを補食する動物の成長の同調性が崩れてくる．今までなら蚊と同時期に成虫になる昆虫の時期が，次第にずれてくる．温度がたった1℃上昇しただけでも，食うものと食われるものが同時期に現れなくなるのだ．このように，地球上ではウイルス感染の危険地帯が拡大し，これまで熱帯雨林地帯の温度でのみ増殖可能であったウイルスが，密林地帯の開発と地球の温暖化を原因として北に向けて進出する結果，ヒトに感染する可能性は十分にありうる．

1.4　病原体の感染による病状の特徴

人類に脅威を与える病原体は，おもに細菌とウイルスであるが，糸状菌（カビ）や酵母などの真菌や原虫（＝原生動物）にも重篤な感染症を誘発するものがいる．以下，細菌，真菌，原虫，ウイルスなどに分けて，それらの病原体の感染による病気の種類とその症状，ならびに病原体の特徴を各論的に解説する．

1. 細菌感染症

　ヒト（宿主）の体内に細菌が侵入すると，必ず症状が現れるので
あろうか？　結論的にいえば，それは病原毒素の強さと宿主の生体
防衛能とのチカラ関係で決まる．病原細菌は，その菌が特異的にも
つ線毛などが宿主への付着因子として働き，宿主細胞の表層にある
受容体と結合する．すなわち，病原細菌の付着因子の特異性が，臓
器への特異性と細胞への定着性を決めている．臓器や細胞を襲撃す
る病原細菌は，その菌に特有な毒素を産生して組織を破壊する結
果，症状が現れる．

　毒素には外毒素（エンテロトキシン）と内毒素（エンドトキシ
ン）があり，前者は細菌の細胞外に分泌されるタンパク質で，ナノ
グラムの超低濃度でさえ毒性を示す．ボツリヌス毒素，ジフテリア
毒素，化膿性連鎖球菌のつくる毒素は代表的なエンテロトキシンで
ある．一方エンドトキシンとしては，グラム陰性細菌の細胞壁の最
も外側にある「耐熱性をもったリポ多糖体（lipopolysaccharaide）」
が知られている．当該細菌が血液のなかで破壊されると，そのリポ
多糖体が毒素として機能する．

① 肺　炎

　2017 年（平成 29 年）3 月，広島県三原市の温泉施設でレジオネ
ラ（*Legionella*）属細菌の集団感染が起きた．入浴客 40 名が肺炎を
引き起こし，このうち 50 代の男性客 1 名が死亡した．利用客の死
亡を受けその温泉施設は謝罪したが，実はその 8 年前にも利用客
2 名がレジオネラ菌の感染で入院し，それ以降，配管の消毒回数を
増やしてきたとのことであった．ところが，その記録が残っておら
ず，その施設のズサンな管理体制も指摘され，広島県や三原市は営
業停止を含む行政処分を実施した．

　レジオネラ菌はグラム陰性の桿菌で，通常のグルコース含有培

地では生育できない．これはレジオネラ菌がグルコースを資化できないためである．培養の至適 pH は 6.7～7.0 で，生育の最適温度は 36℃ である．レジオネラ菌は，おもに沼や河川や土壌にいる常在菌であり，アメーバなどの原虫（原生動物）の細胞内に寄生したり，藻類と共生したりする．また，*Legionella pneumophila* はヒトの生活環境において，ビルの冷房用クーリングタワーや入浴施設など，大量の水を溜めている場所で繁殖する．

　具体的事件として，レジオネラ・ニューモフィラは，1976 年 7 月，米国ペンシルベニアで行われた在郷軍人大会の期間中に発症した肺炎の集団感染の原因菌であった．調査の結果，ホテル客室のエアコンと連結されたクーリングタワーの冷却水のなかで増殖したレジオネラ菌が，エアコンから噴き出た冷気に混じって，客室にいた老人たちを襲ったのであった．以後，レジオネラ菌によって引き起こされる肺炎を，特に「在郷軍人病」もしくは「レジオネラ症」と呼ぶようになった．

　さて，クレブシエラ属細菌のなかに *Klebsiella pneumoniae* がいる．このグラム陰性の桿菌は，鞭毛をもたないために運動性はない．高齢者や乳児のほか免疫力の衰えた人たちに感染すると，重篤な肺炎を引き起こす．この細菌は腸内に常在することが知られ，最近は日和見感染症の原因菌として名を連ねている．抵抗力のない患者に感染すると，敗血症，髄膜炎，尿路感染症などを引き起こすことがある．細胞のサイズは大腸菌と比べるとやや大きく，寒天培地で培養したときネバネバしたコロニーを形成する．このネバネバは夾膜と呼ばれ，多糖体である．

　肺炎を起こす細菌は，必ずしも桿菌とは限らない．たとえば，ストレプトコッカス・ニューモニエ（*Streptococcus peumoniae*）は，臨床現場では肺炎球菌と呼ばれる．通常，ストレプトコッカス属細

菌は球状の細胞が連鎖状につながっているが，ストレプトコッカ
ス・ニューモニエの形状は双球状（二連球菌状）である．肺炎患者
の上気道から検出されるこの球菌が感染すると，突発的に発熱し，
咳が出て胸が強く痛み，呼吸困難に陥ることがある．

　さらに，マイコプラズマ（*Mycoplasma*）属細菌も肺炎を引き起
こす病原体として有名である．この微生物には細胞壁がなく，細胞
サイズが極めて小さい（100〜250 nm）．通性嫌気性であるが，呼吸
能力はなく，増殖にコレステロールを要求する．マイコプラズマの
ゲノムは大腸菌のそれに比べて4分の1のサイズである．DNAの
GC含量は，大腸菌が54%であるのに対し，マイコプラズマでは
23〜32%とかなり低い．一般的な真正細菌は二分裂方式で増殖す
るが，マイコプラズマは出芽したのちに細胞が分割される増殖方式
をとる．低温には強いが，50℃・30分の処理で容易に死滅するの
も特徴である．

　マイコプラズマの感染によっても起きる肺炎を，特に「マイコ
プラズマ肺炎」と呼んでいる．マイコプラズマは口腔，呼吸器，尿
路などに常在し，生存に必須な栄養物は，ヒトの体液，たとえば鼻
汁から得ている．*Mycoplasma pneumoniae* を病原体とする肺炎
は，高熱，悪寒，頭痛，激しい咳を伴い，病状は，上気道炎，気管
支炎，肺炎へと進行していく．

　2016年は，わが国でマイコプラズマ肺炎が大流行した．国立感
染症研究所によると，10月17日からの1週間に全国の医療機関か
ら報告された患者数は，統計が開始されてから過去最高を記録し
た．従来の抗菌薬が効かない耐性菌の出現が原因と見られている．
マイコプラズマ肺炎の特徴としては，熱が下がっても数週間にわた
って咳が続く．14歳未満の患者が80%ほどを占め，感染者のくし
ゃみや咳の飛沫を介して感染する．重篤化すると，中耳炎，無菌性

髄膜炎，脳炎などを併発することもある．

マイコプラズマ肺炎は3〜8年程度の周期で世界的にも流行を繰り返し，わが国では1984年と1988年に大流行した．このことからマイコプラズマ肺炎は「オリンピック肺炎」とも呼ばれている．事実，リオデジャネイロオリンピックが開催された年も大流行した．このように，肺炎を引き起こす細菌の種名として「〜*pneumoniae*」とつくものが多いことに気づくであろう．

② 炭　疽

コッホが発見した「炭疽」の病原体はバチルス・アンスラシス（*Bacillus anthracis*）である．バチルス属は桿菌で，芽胞（胞子：spore）をつくることを特徴とし，偏性好気性（一部通性嫌気性）である．炭疽菌は，幅1 μm，長さ3〜10 μm の大型桿菌であり，鞭毛はない．あとで述べるクロストリジウム・ボツリナム（*Clostridium botulinum*）の芽胞は100℃，数時間の加熱にも耐えるが，炭疽菌のそれは100℃・10分の熱処理で死滅する．ただし，乾燥や消毒剤にはめっぽう強いのが特徴である．ヒトが炭疽に罹るのは稀だが，羊毛や毛皮の取扱者に認められることがある．というのは，炭疽菌の芽胞は毛皮に付着した状態で数年間は生存できるからだ．塵埃として芽胞を摂取すると，それが腸内で発芽して栄養細胞に変わり，それが血液中に侵入して敗血症を引き起こす．

③ 破傷風

クロストリジウム属細菌は，発育に空気を嫌う，いわゆる「偏性嫌気性」の桿菌であり，以下に述べる3種の細菌は，その分泌する毒素（外毒素）が，いずれも病原性を発揮するための因子となっている．破傷風は *Clostridium tetani* の体内への侵入によって発症する．1889年に北里柴三郎によって患者から分離されたこの細菌は細長い桿菌（長桿菌）で，細胞の周囲に鞭毛を有することから動

き回ることができる．本菌は，通常，芽胞の姿で土壌中に潜んでいるために，土壌中の古釘などを踏んで怪我をすると感染する．芽胞はやがて発芽して栄養細胞となり，増殖を開始する．たいてい外傷を受けて，4〜7日，遅くとも5週間以内に発症する．まず寝汗，全身倦怠感，緊張感から始まって，手足の筋肉・胸や腹の筋肉が硬直し，呼吸困難を経て突然の硬直性全身けいれんを起こす．やがて，呼吸筋の硬直麻痺によって死亡するという経過をたどる．通常，意識は明瞭で，振動や音・光などの刺激によってけいれんが誘発される．テタノスパスミンと呼ばれる破傷風毒素が運動神経に高い親和性を示すことが，硬直性のけいれんを引き起こす引き金となる．破傷風菌の毒素 $1\,\mu g$ で，なんと $1,000\,kg$ に相当するモルモットを殺すことができる．

④ **食中毒**

欧州では古くからソーセージが原因の食中毒が流行していた．その原因菌はボツリヌス菌 *Clostridium botulinum* で，この細菌が分泌する「ボツリヌス毒素」が食中毒の要因である．感染後，数時間から2〜3日の間に目の調節筋が麻痺し，言語障害，手足の麻痺，呼吸筋の麻痺が起こり，やがて死に至る．*Campylobacter jejuni* も食中毒を起こす．この細菌は生育に酸素を必要とするが，要求する酸素濃度が5％前後という低さである．芽胞は形成せず，細胞の一端または両端に鞭毛をもつので運動する．コンマ型，S型あるいは螺旋型の細胞形態をとり，哺乳動物や鳥類の腸管内に常在する．また，ヒトの下痢患者から高頻度で分離される．この菌に感染すると，発熱を伴った腸炎を引き起こす．ちなみに，ヒトの胃や十二指腸粘膜に寄生して胃炎や胃潰瘍，胃がんの発生を引き起こす細菌として有名な「ピロリ菌」の学名は *Helicobacter pylori* であるが，かつて，*Campylobacter* 属に分類されていた時期がある．

⑤　細胞組織の壊死

　傷口に偏性嫌気性菌が感染すると，皮下組織や筋肉が急激に壊死することがある．その際，細胞組織の糖が分解されてガスが発生し，細かい無数の気泡が出ることから，この細胞壊死をガス壊死と呼んでいる．ガス壊死を引き起こす嫌気性菌として *Clostridium perfringens* が知られており，別名「ウエルシュ菌」と呼ばれている．クロストリジウム属細菌は一般的には鞭毛を有する偏性嫌気性菌であるが，ウエルシュ菌は鞭毛をもたないことを特徴とする．この細菌は腸内細菌叢の主要な構成菌の1つであり，腸内環境を悪くする，いわゆる「有害菌（悪玉菌)」に位置づけられている．

⑥　ジフテリア

　コリネバクテリウム (*Corynebacterium*) 属細菌は，好気性もしくは通性嫌気性の桿菌である．コリネは，「細胞の一端が棍棒のように膨れること」から命名された．桿菌は分裂しても細胞同士が離れないことがあり，ジフテリア菌 *Corynebacterium diphtheriae* も一定の角度を保って細胞がくっついた形態をとる．たとえばV型のほか，L，YそしてWなどの形が観察される．ジフテリア菌はヒトに飛沫感染し，咽頭や扁桃，気道で炎症を引き起こす．そして，フィブリンと白血球からなる偽膜を形成し，それが気道の閉塞を起こす．さらに，産生されたジフテリア毒素が呼吸筋や四肢筋の弛緩性麻痺を起こさせ，心筋炎による不整脈を誘発させることもある．

⑦　結　核

　マイコバクテリウム (*Mycobacterium*) 属細菌 *Mycobacterium tuberculosis* の感染は結核を引き起こす．幅 0.5 μm，長さ 1～4 μm 程度の長い桿菌で，コリネ型（棍棒状）の細菌と同様にしばしば多形性を示し，T，V，Y字型の細胞形態が認められる．本菌

は好気性であるが，二酸化炭素（5〜10％）の存在下で増殖が活発になる．また，熱に対して強く，特に喀痰中に存在する状態では100℃・5分の熱処理にも耐える．また，クレゾールやアルコールなどの消毒剤に対して強いが，紫外線には弱く，直射日光に触れると30分ほどで死滅する．結核菌は飛沫感染により身体に侵入し，肺に感染すると初感原発巣が形成され，その後，肺門リンパ節腫脹を引き起こす．

⑧ ハンセン病

マイコバクテリウム・レプレ（*Mycobacterium leprae*）が感染して起こる病気をハンセン病と呼んでいる．この細菌はノルウェーのハンセン（Armauer Hansen）医師によって発見された．この細菌のもつ毒素力とヒトへの感染力は極めて弱いので，患者と長期に接触しても感染が成立することはほとんどなく，たとえ感染しても発病することは極めて稀である．

わが国では，1907年（明治40年）以来一貫してとられてきたハンセン病患者への強制隔離政策に終止符を打つことが，厚生労働省の「らい予防法見直し検討会」で1995年暮れに最終報告された．それを受けて「らい予防法」の廃止法案が1996年3月25日の衆議院厚生委員会において全会一致で可決され，同年4月1日をもって廃止された．らい予防法は人権を無視した法律であった．

⑨ 化 膿

黄色ブドウ球菌 *Staphylococcus aureus* は，化膿を引き起こす通性嫌気性の球菌であるが，好気的条件で増殖が活発になる．「通性嫌気性細菌」とは，酸素の有無にかかわらず増殖するが，酸素のある方がよく増殖する細菌をさす．黄色ブドウ球菌は光沢のある黄色のコロニーをつくる．この細菌の同定には，血液を凝固させるコアグラーゼ酵素の産生能力，マンニット（糖の一種）分解性の

有無とともに，溶血性を調べる．また，食中毒の原因となるエンテロトキシンを産生する黄色ブドウ球菌株もいる．表皮ブドウ球菌 *Staphylococcus epidermidis* もブドウ球菌の仲間であるが，非病原性である．

　化膿を引き起こす細菌として *Streptococcus pyogenes* も知られ，化膿連鎖球菌とも呼ばれている．本菌は咽頭粘膜について扁桃炎を起こしやすく，「とびひ」や「猩紅熱」の原因菌としても知られている．血液を含む寒天培地で生育させると，タンパク質性の溶血性毒素を産生する．猩紅熱は 3〜10 歳の子どもに罹りやすい病気で，発熱やのどの痛みとともに細かい発疹が全身にできる．この発疹はかゆみを伴い，その後，舌が白い苔で覆われる．それから 2 日ほどして，その苔が剥がれ，苺の表面のような赤いツブツブが現れる．

⑩　百日咳

　百日咳は *Bordetella pertussis* の感染によって引き起こされる．短桿菌であり，鞭毛はもたない．臨床現場で分離された直後の細胞の周囲には夾膜と線毛が認められるが，植え継いでいくと両者とも失われる．好気性であり，飛沫感染で気道の粘膜上皮に感染し増殖する．百日咳は小児の急性呼吸器系伝染病で，潜伏期は 10 日前後である．まず，微熱，くしゃみ，軽い咳で始まるが，やがて，百日咳特有の連続したけいれん性かつ発作性の咳と吹笛様の呼気の繰り返し発作が起こる．百日咳菌が粘膜下層や血中に侵入せずに上記症状を起こすのは，この細菌のつくる百日咳毒素（pertussis toxin）が生体内に取り込まれるからである．そして百日咳毒素が，アデニル酸シクラーゼの活性発現を抑えている GTP 結合タンパク質を ADP-リボシル化することによって不活性にし，アデニル酸シクラーゼの活性発現を誘導する．その結果として生ずる「cAMP 濃

度の上昇」が，上記の臨床症状を引き起こすことになる．2007 年 5 月，香川大学医学部の学生が百日咳に集団感染した事件がある．

⑪ **腸管出血性大腸炎**

　大腸菌（*Escherichia coli*）を普通の寒天培地で培養すると不透明で光沢をもった灰白色のコロニーをつくる．細胞は桿状で 1〜1.5×2〜6 μm のサイズ，周毛性の鞭毛を有しているので動き回る．本菌はヒトや動物の腸管に棲息し，下痢などの病原性を引き起こす場合が少なくない．また，性線毛（pili）をつくる能力を有するものを雄，有さないものを雌として区別し，分子遺伝学では重要な細菌として位置づけている．さらに，遺伝子操作における外来遺伝子発現系の宿主としても利用されている．大腸菌は通性嫌気性で，乳糖を分解してガス（水素や二酸化炭素）を産生する．1996 年 5 月下旬，岡山県邑久郡の小学校と幼稚園で発生した大規模食中毒（児童だけで患者数 6,000 名）においては，毒性の強い病原性大腸菌 O157 が原因であった．O157 株は重い腎不全を起こすが，それはその菌が溶血性尿毒症の原因となるベロ毒素をつくるからである．ちなみに，大腸菌の細胞表層には脂質と多糖から構成される膜がある．この多糖を抗原（これをオー抗原と呼ぶ）としてウサギに注射すると，O 抗原に対する抗体ができる．

　わが国は 1996 年 8 月 6 日付で，O157 株などによる腸管出血性大腸菌感染症を伝染病に指定した．実際には，これらの病原性大腸菌による感染症の治療は難しい．なぜならば，抗生物質で菌を死滅させても，その菌が産生するベロ毒素がヒトの体内に拡散する危険性があるからである．

　ベロ毒素は真核細胞の 60S リボソームの構成成分である 28S リボソーム RNA に作用し，その 4,324 番目の塩基であるアデノシンの *N*-グリコシド結合を加水分解する．その結果，リボソームのタ

ンパク質合成機能が失活してしまう．ベロ毒素は出血性大腸炎を引き起こすだけではなく，体内に入り溶血性尿毒症候群 (hemolitic uremic syndrome: HUS) や脳症を引き起こして重症化させることがある．この感染症には抗生物質が効きにくいばかりでなく，治療するためのキノロン系抗菌剤の投与が，かえってベロ毒素の産生を促進し，HUSの発症頻度を高めてしまうこともある．O157株のつくるこの毒素は赤痢菌のつくるベロ毒素と同じものであることがわかった．

⑫ **慢性胃炎・胃潰瘍・胃がん**

胃潰瘍や胃がんの発症には，ヘリコバクター・ピロリ (*Helicobacoer pylori*) が深くかかわっている (**図1.3**)．*helico-* はギリシャ語の *heliko-* に由来し，「螺旋」のことを意味する．ピロリ菌の細胞は，実際，螺旋状に捻じれており，グラム陰性細菌の仲間である．グラム染色の「陽性」と「陰性」の違いは，細菌の細胞構造と関係している．具体的には，グラム陽性細菌の細胞壁は一層の厚めのペプチドグリカン層から構成されているが，グラム陰性細菌では何層かの薄いペプチドグリカン層から構成され，しかも，その外側は，「外膜 (outer menbrane)」と呼ばれるリポ多糖体（リポポリ

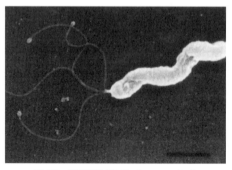

図1.3 ピロリ菌 (*Helicobacter pylori*)

① 人類を襲う感染症　25

サッカライド）を含んだ脂質二重膜で覆われている.

　さて，胃粘膜に棲むピロリ菌は，粘膜液中に含まれる尿素を分解してアンモニアと二酸化炭素をつくる．アンモニアにより胃粘膜が傷つけられる結果，急性胃炎から慢性胃炎へ，やがて胃潰瘍や十二指腸潰瘍へと進み，最悪の場合，胃がんを発症させる．感染は経口感染で，先進国に比べて発展途上国の方が感染率がかなり高い．たとえば，インドやサウジアラビアにおける感染率は 20 代で 70％，40 代では 90％ の高率である．ところがイギリスやフランスでは，20 代が 20％ で 40 代でも 30％ ほどである．わが国のピロリ菌感染者数を調べてみると，5,000 万人は超えている．世代別では，40 代以上の感染率は 80％，20 代が 25％，10 代が 20％ と，年齢の低下とともに感染率も低くなる．というのは，第二次世界大戦終了直後の日本の衛生環境は劣悪で，当時生まれた子供たちが今や 60 代後半〜70 代になり，ピロリ菌の感染率が高い要因となっている．戦後の急速な復興とともにわが国の保健衛生は改善し，上下水道も整備されてからは次第に感染率が低下していった．このように高齢者のピロリ菌感染率は確かに高いが，消化性潰瘍や胃がんなどを煩っているのはごく一部の人に限られるのも事実である．愛知県がんセンター研究所の疫学部の調査によれば，ピロリ菌は，たばこを吸わない人より吸っている人の胃の中で生き続けやすいというのである．アンケートによれば，50〜60 代のたばこを吸っている男性 27 人のうち 96％ がピロリ菌の感染者であるのに対し，非喫煙者のそれは 72％ であった．明らかに喫煙者の方が感染している率が高い．また国立がん研究センターの疫学的データによると，喫煙者の胃がんによる死亡率（男性）が非喫煙者の 1.45 倍という高い値を示しており，ピロリ菌とたばこの関係をもう少し調べてみれば，胃がんの発症メカニズムがわかるかもしれない．

26

⑬ 淋病・流行性髄膜炎

淋病は性行為を介し，淋菌 *Neisseria gonorrhoeae* が感染して起きる．淋菌は莢膜や鞭毛をもたないが，病原株に限り線毛を有するために，尿道や膣の粘膜細胞に付着して増殖し，粘膜下結合組織を経てリンパ管や血管を通り広がっていく．化膿性の炎症を引き起こし，尿道に焼き火箸を入れたような激しい痛みを与える．この菌が全身にまわると敗血症を引き起こすとともに，関節炎や髄膜炎を起こすこともある．また，出産時に新生児が感染すると結膜炎になり，重症化すると失明することもある．

本菌は空豆や腎臓の形に似た球菌で，熱に弱く，41℃・5時間の熱処理で容易に死滅するほか，冷蔵庫に入れても死んでしまう．乾燥や消毒剤には弱いことから，淋菌はヒトの身体を離れると活発に増殖することが難しい"かよわい"細菌である．さらに，同じナイセリア属の細菌でも，*Neisseria menigitidis* は「流行性髄膜炎」の原因菌である．本菌は淋菌と同じく極めてかよわい菌であるが，莢膜を有する点で異なる．また，髄膜炎菌はエンドトキシン（内毒素）をつくることから，本菌が生体内で溶菌すると，ヒトはエンドトキシン・ショックを起こすことがある．飛沫感染によって鼻咽腔に付着して増殖し，リンパ管，血中を通って脳底軟膜まで達して炎症を引き起こす．髄膜炎の病状として，高熱，頭痛，嘔吐，意識混濁を引き起こす．

⑭ チフス

チフスには，あとで述べるリケッチアによる「発疹チフス」以外にも，「腸チフス」と「パラチフス」があり，ともに法定伝染病である．パラチフス菌（*Salmonella* (*Sal.*) *enterica* serovar Paratyphi A），食中毒の原因菌としても知られる腸チフス菌（*Sal. enterica* serovar Typhi），ネズミチフス菌（*Sal. enterica* serovar

Typhimurium）などは，サルモネラ属細菌の代表である．その特徴としては，細胞周囲に鞭毛を有し，形態的には桿菌で大腸菌と同程度のサイズである．コロニーは光沢を呈し，かつ，透明である．

　腸チフス菌（*Sal. enterica* serovar Typhi）やパラチフス菌はヒトに限って感染するが，他のサルモネラ属細菌は哺乳動物や鳥類，爬虫類にも感染するなど，宿主域は広い．チフス菌が経口感染すると，小腸から上皮層を通過して粘膜下リンパ組織で増殖する．その後，リンパ管を通って血中に侵入して増殖する．感染すると熱が出て，肝臓，脾臓，胆嚢，骨髄，リンパ組織に炎症が起きる．一般的には，腸チフスに比べるとパラチフスの方が症状は軽いといわれている．チフス菌が経口感染すると，小腸から上皮層を通過して粘膜下リンパ組織で増殖する．その後，リンパ管を通って血中に侵入して増殖する．感染すると熱が出て，肝臓，脾臓，胆のう，骨髄，リンパ組織に炎症が起きる．

⑮　赤　痢

　赤痢はシゲラ・ディセンテリカ（*Shigella dysenteriae*）の感染によって起きる．赤痢菌を普通寒天培地で培養すると，透明で小さなコロニーを形成する．本菌のゲノム DNA は大腸菌のそれと 70% 以上の相同性があるが，大腸菌とは違って鞭毛はない．赤痢菌に感染すると粘血便を伴った下痢を引き起し，かつ，発熱や腹痛も伴う．子どもの赤痢は，特に「疫痢」と呼ばれる．ちなみに，赤痢菌は DNA を切断する「シガトキシン」という毒素をつくる．

⑯　コレラ・腸炎

　2017 年の春，東京都足立区の生後 6 カ月の男児が「乳児ボツリヌス症」で死亡した．離乳食として与えられた蜂蜜が原因で，発症データのある 1986 年以降，国内での死亡例は初めてであった．男児は 2017 年 2 月 16 日から咳や鼻水などを発症し，その後，けいれ

んと呼吸不全を起こし搬送された．病院で乳児ボツリヌス症と診断され，3 月 30 日に死亡した．乳児ボツリヌス症は，1 歳未満の乳児が毒素産生性のボツリヌス菌を摂取した場合に感染する．その男児は，1 月中旬からの約 1 カ月間で 1 日に 2 回ほど，離乳食として蜂蜜を混ぜたジュースを飲んでいたという．一般的には，成人の場合には便秘や筋力の低下などの症状が出るが，死亡することは稀である．ボツリヌス菌 *Clostridium botulinum* はグラム陽性の桿菌で，生育に酸素を嫌う，いわゆる「偏性嫌気性細菌」である．

コレラは明治時代初期に流行したことがある．そのとき患者の多くが簡単に死んだことから，「コロリ」という言葉が流行した．コレラの原因菌 *Vibrio cholerae* は細胞の一端に鞭毛（極鞭毛）をもっている．コレラ菌は経口感染したあと，小腸の粘膜上皮でエンテロトキシンを分泌しつつ増殖するが，組織内には侵入しない．この毒素は粘膜上皮細胞の GTP 結合タンパク質を ADP-リボシル化することにより，アデニル酸シクラーゼを活性化する．その結果，サイクリック AMP（cAMP）の細胞内濃度が上昇する．小腸で cAMP が上昇すると，体液や無機イオンが腸管内へ盛んに分泌されて激しい下痢を起こし，米のとぎ汁のような便を排出する．患者は脱水によるショック状態となり，死に至ることがある．

さて，同じビブリオ属細菌でも，*Vibrio parahaemolyticus* は感染性胃腸炎である「腸炎ビブリオ食中毒」を引き起こす．この細菌は海水と水が混じり合う汽水付近に棲息している．というのは，その生育には 3% 程度の塩化ナトリウムが必要であるが，10% の高塩濃度になると生育は困難になる．本菌の分裂速度は極めて速く，10 分間で 1 回程度分裂する．細胞の形は短桿状で，極鞭毛を有するが，鞭毛が側毛性の場合もある．腸炎ビブリオはわが国の代表的な食中毒菌の 1 つで，日本人は生の魚介類を食べる機会が多く，捕

獲された魚介類が本菌に汚染されているとかなり危険である．汚染された魚介類を食べて腸炎ビブリオ食中毒になると，下痢，腹痛，嘔吐，発熱を伴った重篤な腸炎を引き起こす．

⑰　ペスト

ペスト菌エルシニア・ペスティス *Yersinia* (*Y.*) *pestis* は，腸内細菌科に属するグラム陰性の通性嫌気性の細菌で，鞭毛をもたない桿菌である．エルシニア属細菌の増殖に最適な温度は30℃ であり，他の細菌，たとえば大腸菌の37℃ と比べて低い．ペストはかつて，人類の歴史を通じて最も致死率の高かった伝染病で，1347 年から1353 年にかけて流行した際には，欧州の総人口の1/4～1/3 が死滅したと推測されている．ペストは別名「黒死病」とも呼ばれるように，極めて恐ろしい病気であることは間違いない．

ペスト菌はノミによってネズミからヒトへと伝搬され，局所リンパ節に炎症を起こし，血流に乗って別のリンパ節に広がる．これが腺ペストである．本菌が肺まで到達すると出血性の気管支肺炎を起こして肺ペストになる．この段階になると，患者から別の人へ飛沫感染が起きる．エルシニアの仲間として *Y. enterocolitica* も知られている．本菌は子どもに急性腸炎を引き起こし，集団食中毒の原因ともなる．これは赤痢菌と同様に腸管粘膜細胞に侵入することによって起こる．

⑱　発疹チフス

「腸チフス」と「パラチフス」はサルモネラ菌の感染によって引き起こされるが，発疹チフスの病原体は，細胞幅 0.3～0.7 μm，長さ 1.2～1.8 μm のリケッチア，より詳細には *Rickettsiae prowazekii* である．リケッチアは，生きた細胞の中に寄生する非常に小さな細菌で，細胞サイズは真正細菌の半分ほどである．

コロモジラミに刺され，皮膚に掻き傷ができると，その傷口から

シラミの糞中にいたリケッチアが侵入して感染が成立する．2週間の潜伏期を経て，頭痛，悪寒，発熱（39〜40℃）が症状として現れ，筋肉痛も認められる．発症して1週間ほどで発疹が生じ，それがやがて黒く変色する．この時期には，昏睡，精神の錯乱が認められ，さらに進行すると循環障害を起こし，腎不全で死亡する．リケッチアが関与する他の病気として，「ツツガ虫病」が知られている．わが国の風土病の1つで，北海道と沖縄を除き，全国に広がっている．ツツガ虫の幼虫に刺されると *Orientia tsutsugamushi* が注入され，その後，菌がリンパ節に移行して血管内皮細胞で増殖し，血管周囲炎や血管閉塞を引き起こす．全身の倦怠感，頭痛，関節痛，食欲不振を招くほか，高熱（39〜40℃）と発疹が出る．

⑲　**オウム病**

2017年4月9日の産経新聞は，「オウム病に感染した妊婦が死亡していたことが厚生労働省への取材でわかった」と配信した．同年4月11日の読売新聞によると，「オウム病」にかかった妊婦2名が2015〜2016年に相次いで死亡していた．厚生労働省の調査によれば，毎年数十名ほどの感染報告がある．感染が確認された妊婦は，妊娠24週に発熱のため入院した際，意識障害などが認められ，その後に死亡した．妊婦の死後に体内からオウム病の原因となるクラミジア（*Chlamydia＝Chlamydophila*）に属する細菌が検出された．海外でもオウム病による高齢者や妊婦の死亡例は報告されている．

オウム病は，インコやオウムなどのペットを介して感染する．具体例としては，口移しで餌を与えたり，粉塵として鳥の糞を吸ったりすると感染することがある．1〜2週間の潜伏期を経て，悪寒，頭痛，全身倦怠感を伴い，高熱も出る．放っておくと30%の高い死亡率を示し，高齢者がこの病気に感染すると死亡率がさらに高く

なる．オウム病の原因菌はクラミジアである．クラミジアはウイルスとして分類されていた時期があり，事実，真正細菌よりも非常に小さなサイズの微生物である．

クラミジアの分類学に関して，1999 年に大幅な変更がなされ，*Chlamydia trachomatis* を除いて，*Chlamydophila psittaci* をタイプ種とする近縁のクラミドフィラ属 (*Chlamydophila*) に移行された．ただし一般的には，この属を含めてクラミジアと呼んでいる．クラミジアのゲノムは DNA であり，真正細菌と同様，細胞壁や細胞膜構造をもつことから，分類学的には，ウイルスではなく細菌の仲間であると結論づけられた．クラミジア・トラコーマ (*Chlamydia trachomatis*) とクラミジア・プシタシ (*Chlamydophila psittaci*) などのクラミジアは，それぞれトラコーマとオウム病の原因菌である．現在，日本にはトラコーマ患者はほとんどいないが，アジア・アフリカの人々が，今も本感染症で失明のリスクを抱えているのも事実である．

⑳　**梅　毒**

国立感染症研究所が 2017 年 4 月 4 日に発表した感染症発生動向速報で，「梅毒患者は 1,000 人超え，過去最速で感染が拡大している」と報じられた．淋病と同じく，梅毒も性行為により感染する．その病原体はスピロヘータに属するトレポネーマ・パリダム (*Treponema pallidum*) である．「しこり」や「ただれ」などの症状のほか，妊婦が感染すると流産や死産に至ることがある．国立感染症研究所によると，2017 年に入ってから 3 月 26 日までに報告された患者は 1,013 名にのぼり，届出方式に変わった 1999 年以降で最多となった 2016 年の 1.3 倍となり，過去最速で患者数が増加していった．都道府県別では，第 1 位 東京都 (323 名)，第 2 位 大阪府 (147 名)，第 3 位 神奈川県 (61 名) であった．梅毒の患者数は，

2011 年の 827 人から 2016 年には 4,518 人にまで急増している.

Bergey's manual という細菌の分類学辞典では，グラム陰性細菌である「スピロヘータ」は，スピロヘータ科 (*Spirochaetaceae*) とレプトスピラ (*Leptospiraceae*) に分けられている. スピロヘータ科に属する 4 属のうちトレポネーマ (*Treponema*) とボレリア (*Borrelia*) が有名である. 細胞のサイズは 0.1〜0.2×6〜20 μm で，螺旋状の形状をとり，鞭毛がある. 一般的な細菌のようには培養法が確立されていないので，ウサギの睾丸へ接種して増殖させている. シラミによって媒介される *Borrelia recurrentis* は，「回帰熱」を発症させる. 他方，人畜共通伝染病であるレプトスピラ症の原因菌は *Leptospira interrogans* である. レプトスピラ症の中ではワイル (Weil) 病が医学的には重要である. ネズミが本菌を保有していることが知られ，その尿で汚染された水に裸足で踏み入れた場合に感染することがある. なお，ワイル病は，発熱，筋肉痛，結膜の充血，黄疸，タンパク尿の症状を呈する.

2. 真菌感染症

酵母やカビは真菌の仲間である. 「カビ (黴)」という言葉は慣用語で，その細胞の形態が菌糸状なので，微生物学では「糸状菌」と呼ぶことが多い. ヒトに感染する糸状菌は，おもにアスペルギルス・フミガタス (*Aspergillus fumigatus*)，アスペルギルス・ニガー (*A. niger*)，アスペルギルス・フラバス (*A. flavus*)，アスペルギルス・テレウス (*A. terreus*) の 4 種である. アスペルギルス属の胞子 (芽胞. カビの場合，正式には胞子とはいわず，分生子と呼ぶ) を吸入すると肺に入り込み，ときに肺線維症を引き起こす. アスペルギルス属をはじめとする病原性糸状菌は生活環境の至るところに棲息しているので，これらの分生子をまったく吸入せずに日

① 人類を襲う感染症　33

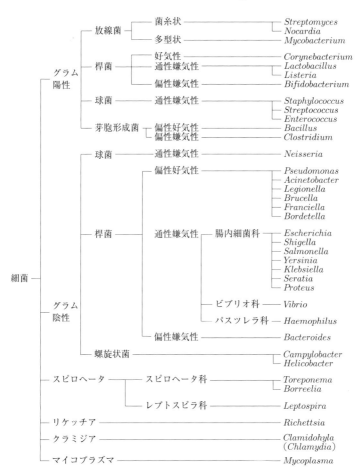

スピロヘータ，リケッチア，クラミジア，マイコプラズはともにグラム陰性を示す．
リケッチアは通常の細菌の半分ほどの大きさである．

図1.4　細菌の大まかな分類図

常生活を送ることは難しい．そこで，糸状菌の胞子の多い場所，た
とえば，ジメジメした廃墟の家，屋根裏，地下室などで作業する場
合には，感染防御専用マスク（N95 マスク）の着用が有効である．

① 白癬・水虫

　白癬とは，皮膚で生育する糸状菌による皮膚感染症の１つであ
る．皮膚感染症を起こす糸状菌として，白癬菌（*Trichophyton*）
が知られている．いんきん，たむし，水虫なども皮膚感染症で
あり，トリコフィトン属の白癬菌が疾病の原因である．水虫を
起こす菌はトリコフィトン・メンタグロビテス（*Trichophyton
mentagrophytes*）で，感染場所が体表面に局在化しているため，
水虫は医学的には表在性真菌症の１つである．

② 深在性真菌症・肺炎

　ヒストプラズマ（*Histoplasma*）は，菌糸状と酵母状の２つの
細胞形態をもつ真菌である．自然環境下で菌糸状ヒストプラズ
マの胞子を経気道的に吸入した場合，肺に病変が生ずることがあ
る．この真菌は，生体内では酵母状の形態をとり，その感染性は
低いとされている．ヒストプラズマ・カプスラタム（*Histoplasma
capsulatum*）の感染による急性肺炎は，インフルエンザに似た症
状を示す．肺の感染巣から全身に広がる場合を「播種性ヒストプラ
ズマ症」と呼び，臓器全体に感染が及ぶことがある．

　真菌が，肺，肝臓，腎臓，脳など，身体の深部に入り込んで感染
を起こす場合を「深在性真菌症」といい，骨髄移植や臓器移植を受
けたあとや，ステロイドや免疫抑制薬を投与されて免疫力が低下し
ている患者に起きやすい．海外の一部地域に棲息している真菌のな
かには，健常人にさえ感染するものがいる．かつて，結核や肺炎に
罹患したことが原因で，肺に空洞や気管支の拡張などの後遺症が残
っている人も真菌症になりやすい．症状としては，発熱，胸痛，咳

①　人類を襲う感染症　35

のほか，血痰または喀血なども引き起こすことがある．

　カンジダ（キャンディダともいう）属の酵母は，皮膚，消化管，泌尿器などにいる．代表的な病原性酵母として，カンジダ・アルビカンス（*Candida albicans*）とクリプトコッカス・ネオフォルマンス（*Cryptococcus neoformans*）が知られている．後者はハトの糞中に検出されることが多い．エイズ患者の 15% がこのクリプトコッカス属酵母に感染しているとの報告がある．このことは，免疫機能が低下するとキャンディダやクリプトコッカスなどの酵母が体内で増殖するリスクが高まることを示唆している．

3. 原虫（原生動物）感染症

　原虫は「原生動物」と同義語で，真核生物のなかの単細胞微生物を原虫と呼ぶ．医学部寄生虫学分野では，寄生性の病原性原生動物を「原虫」と呼んでいる．原虫感染症の 1 つにリーシュマニア症がある．これはサシチョウバエにより媒介される原虫リーシュマニア（*Leishmania*）が原因である．熱帯・亜熱帯・南ヨーロッパなど，90 カ国以上で発症している．現在，その感染者数は 1,200 万人ほどで，毎年 100 万～200 万人が新たに感染していると推定されている．感染後，数カ月～数年以内に肝臓や脾臓の腫大と貧血などの症状が現れ，そのまま放置すれば死亡する．また，サシチョウバエがヒトの皮膚に刺すと，やがて皮膚に痛みを伴う潰瘍や結節が生じることがある．以下に，おもな原虫感染症を解説する．ちなみに，「原虫（原生動物）」と「寄生虫」との語句の違いを説明すると，「原虫は生物種の 1 つであるが，寄生虫は生存の手段に着目した呼び方であり，両方のカテゴリーに入る生物もあるけれど，必ずしも一致しているとは限らない」といえる．

① アメーバ性の髄膜脳炎と赤痢

　アメーバ（Amoeba）とは，無定形の「カオス状態」を意味するラテン語である．この原生動物（原虫）は，おもに湖沼や河川に棲息し，河川などで泳ぐと鼻腔を通して感染することがある．病原性アメーバが体内に侵入すると，中枢神経が侵され，かつ，髄膜脳炎を誘発し，重篤な場合には死に至る．

　赤痢を誘発するアメーバ（*Entamoeba hystolytica*，図 1.5）は地球に広く分布し，10 人に 1 人の割合で糞便中から検出される．赤痢アメーバの保菌者は特に環境が劣悪な熱帯や亜熱帯地域に集中しており，わが国での検出率は極めて低い．ところが近年，東南アジアへの旅行者の増加と同性愛者の増加が赤痢アメーバの感染者数を増やしているとの指摘もある．赤痢アメーバによる大腸炎のうち，粘血便，下痢，腹痛などの赤痢症状を示すものをアメーバ赤痢と呼んできた．しかしながら，1999 年 4 月から施行された感染症法では，*Entamoeba histolytica* による感染疾患で，かつ，消化器以外の臓器にかかわる症状も含めてアメーバ赤痢と定義されている．

② マラリア

　熱帯性の疾患であるマラリア（Malaria）も原虫感染症の 1 つであ

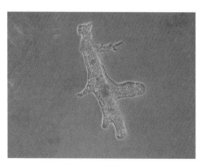

図 1.5　アメーバ（*Amoeba*）

図1.6　ハマダラカ (*Anopheles*)

る．マラリア原虫が赤血球に感染することによって起きる．マラリア原虫は蚊の一種「ハマダラカ」が媒介する（**図1.6**）．マラリアは，熱帯地域を中心に今なお猛威をふるう感染症であり，現在，世界では年間2億人ほどがマラリアに罹患し，およそ100万人が命を落としている．これはマラリアに対する有効なワクチンが未だに開発されていないためである．第二次世界大戦中，東南アジアに送られていた多くの日本人兵士が現地でマラリアを発症し，帰国後も苦しんだ．その後のマラリア感染例については，日本では最近まで報告されていなかったが，海外旅行ブームに乗って，このところ毎年40～70名ほどの感染者が報告されている．マラリア原虫を培養するにはヒト赤血球が不可欠である．マラリア原虫は，プラモディウム・ヴィバックス（*Plasmodium vivax*）をはじめ4種類ほど知られている．マラリア原虫が感染して7～10日後，原虫の分裂小体が血中に放出され，赤血球内に侵入する．その2～3日後までに分裂小体が赤血球内型原虫として無性生殖を行い，新たに分裂小体を放出する．このとき，溶血しながら発熱発作が起きる．感染された赤血球は変形する能力を失うため，血流にも悪影響を与える．その結果，末梢組織の溶存酸素量が低下して貧血が起きやすくなる．同時

に，マラリア色素が大量に形成されるために血管閉塞や血栓の形成も進む．また，マラリア原虫は血液中の単球や好中球などに貪食されるので，脾臓や肝臓が腫脹する可能性が指摘されている．地球の温暖化がさらに進むと，これまで熱帯地方にしか棲息していなかった蚊がわが国でも棲息するようになるかもしれず，日本においてさえ，マラリアの発症が懸念される．

③　トキソプラズマ症

トキソプラズマ (*Toxoplasma*) 症は，トキソプラズマ・ゴンディ (*Toxoplasma gondii*) の感染が原因で，最終宿主はネコ科動物である．この原虫はネコの小腸上皮細胞内に侵入して有性生殖を行う．ヒトを含む哺乳類，両生類，爬虫類，鳥類は，トキソプラズマ原虫の中間宿主である．ヒトへの感染経路としては，ネコから排泄された原虫のオーシスト (Oocyst: 接合子嚢) を含有する糞便で汚染された飲食物や，シスト (Cyst: 嚢子) の形成された生肉を食べることによって，経口感染する．感染動物とヒトとの皮膚接触感染の例もあるほか，妊婦の胎盤を通して胎児へ感染することもある．わが国の成人の3分の1はトキソプラズマ原虫に感染しているが，その大部分は不顕性 (症状が出ないこと) である．ただし，妊娠初期に胎児が感染すると早産や死産を引き起こす確率が高くなる．

④　トリパノソーマ症

トリパノソーマ (*Trypanosoma*) 科の原虫は1本の鞭毛をもつ．基本的には昆虫に寄生しているが，その原虫の生活史のなかで動物などの中間宿主に寄生するものが知られ，ヒトや家畜に深刻な感染症を引き起こす．

トリパノソーマ症は，ブルース・トリパノソーマ (*Trypanosoma brucei*) に属する2つの亜種を病原体とし，ツェツェバエに媒介されてヒトに感染する．おもにアフリカで発症するトリパ

ノソーマ症の原因となる原虫は，ツェツェバエからヒトへと伝播される以外に，出産前に母親から胎児に伝播されることがある．稀に輸血感染もある．症状が進行すると髄膜脳炎を起こし，最後に昏睡状態に陥って死亡することから「アフリカ睡眠病」とも呼ばれている．サハラ以南のアフリカ 36 カ国で 6,000 万～7,000 万人がトリパノソーマの感染リスクを抱えていると推定されている．アフリカ睡眠病は 1960 年代半ばにほぼ消滅したと思われていた．しかしながらその後の 30 年間で再び感染者が報告されるようになり，1990 年代に WHO（世界保健機関）のほか，各国政府やさまざまな非政府組織（NGO）の協力の下に撲滅対策が再び行われていった．その結果，2009 年には過去 50 年間で初めて新患者数が 1 万人未満になった．WHO は 2020 年までにアフリカ睡眠病を制圧することを目標に掲げている．

4. ウイルス感染症

　ウイルスは「生物か，それとも無生物か」という哲学的議論がある．生物細胞を構成する細胞膜は自己の内と外を分けており，生物には膜外から取り入れた物質を生体成分につくり換える能力がある．もし，物質をつくり換える能力をもつ細胞を「生物」と定義するのであれば，ウイルスは明らかに無生物といえる．別の見方として，ウイルスは自己の遺伝子を宿主（もしくは細胞）に注入し，宿主のタンパク質合成装置と遺伝子複製装置を使い自己複製して増える．すなわち，ウイルスは宿主の複製装置を利用して自己の遺伝情報を次世代に残すことができるという見方をすれば，ウイルスは「生物」といえるかもしれない．以下に，人類に脅威と恐怖を与える，おもな病原ウイルスと各ウイルス感染症状の特徴を解説する．

① エボラ出血熱

1976年6月，アフリカのスーダン（現：南スーダン）において，1人の男性が急に39℃の高熱と頭や腹部の痛みを感じて入院，そののちに消化器と鼻から出血して死亡した．当時スーダンでは，出血熱患者を感染源として，家族や院内感染により計284名が発症，そのうちの151名（53％）が死亡した．その年，コンゴ民主共和国（旧ザイール）の北部で1人の男性が同じ出血熱の症状を示した．その患者が収容された病院で合計318名の患者が発生し，そのうちの280名（88.5％）が死亡した．その後も，スーダン，コンゴ民主共和国，象牙海岸でエボラ出血熱が流行した．エボラウイルスはRNAウイルスの仲間で，フィロウイルス科のエボラウイルス属に分類される．1995年にはコンゴ民主共和国中央部の病院を中心に計315名が発症し，そのうちの244名（77％）が死亡，今なおエボラ出血熱の発症が続いている．ちなみにエボラの名は，患者の出身地を流れるザイール川支流の「エボラ川」に由来している．蝙蝠からエボラウイルス抗体が検出されたことから，自然宿主は蝙蝠であろうと推定されてはいるが，ウイルス自体は蝙蝠の体内から検出されていない．

② SARS

2003年3月初旬，「重症の肺炎がアジア地域に流行中」との情報が流れた．わが国の新聞に「謎の肺炎，その原因は新型ウイルスか？」との見出しが載った．当時，イラク戦争で世界が揺れているなかで，謎の肺炎が新たな不安要素として加わったのである．人類に脅威を与える原因不明の肺炎は，重症急性呼吸器症候群（severe acute respiratory syndrome: SARS）と名づけられた．SARSは2～7日の潜伏期間後，38℃を超える高熱が出るとともに，咳，頭痛，呼吸困難などを伴う．この症状はインフルエンザに似ている．

① 人類を襲う感染症　41

　SARS 病原体に対する研究対応は迅速で，2003 年 3 月 18 日まで
にドイツおよび香港の研究者から発表された病原体は，ともにパラ
ミクソウイルスであった．その後 WHO は，「SARS を引き起こす
ウイルスはパラミクソウイルス科のメタニューモウイルスである」
と発表した．

　2003 年 3 月 20 日の読売新聞に，ベトナムの患者から採取した血
液を調べた日本人研究者のインタビュー記事が載っていた．その研
究者は「あらゆる既知の病原体を調べたが，どれも陰性であった．
未知のウイルスの可能性がある」と語った．その後，米国疾病対策
予防センター（CDC）は，SARS の病原体を RNA ウイルスの仲間の
コロナウイルスの一種と発表し，WHO も最終的には新種のコロナ
ウイルスと断定した．

　コロナウイルスは上気道に感染して風邪症状を引き起こし，風
邪の 15％ はこのウイルスが原因であるといわれている．ちなみ
に，「コロナ」の語意は，このウイルス表層に存在する太陽のコロ
ナ（corona）に類似したスパイク状突起に由来する．SARS ウイル
スを調査した香港の研究者によれば，ヒトに感染するとウイルスが
体内で増殖し，次にそれに反応した免疫システムがウイルスに侵略
された肺細胞を攻撃する．その結果として肺機能が低下してしまう
のだ．

　不思議なのは，なぜ SARS を引き起こすウイルスが，突発的にア
ジア地域で爆発的に広まったのかである．香港政府の情報による
と，当時，SARS に初期感染した患者 7 名が同じホテルに同じ時期
に宿泊していた．宿泊客の 1 人は中国広東省からきた男性で，宿
泊の 1 週間前からすでに体調は悪かったようだ．最終的には，香
港の病院で死亡したその男性が，ホテル内で接した人たちを「謎
の肺炎」に巻き込んでしまった．その布石として，中国広東省では

2002 年 11 月から 2003 年 2 月にかけて重症肺炎が数百人規模で発生しており，これが SARS の世界的流行につながったと WHO は推測している．2003 年 3 月 24 日までに，ブルネイ，マレーシア，ベトナム，香港，中国などで多数の患者が発生した．香港では 260 名が SARS を発症し，シンガポールでの患者（可能性例を含む）を加えると，なんと 740 名にも及んだ．特に中国では，広東省以外に北京でも多くの SARS 患者が発生した．SARS はアジア地域だけでなく，ルーマニア，カナダ，アメリカでも流行，2003 年 4 月上旬の WHO による発表では，患者は世界中で 2,300 名を超え，死者も 90 名を超えた．その後も増え続け，7 月 3 日時点で WHO がまとめた世界の SARS 患者（可能性例を含む）の累計は 8,439 名，うち死亡者は 812 名にも達した．台湾での流行の終息宣言が 7 月 5 日に行われ，SARS の世界的流行は終焉の時を迎えた．SARS が世界的規模で瞬時に拡散していったできごとは，恐怖の医療事件といえる．

③　スペイン風邪・インフルエンザ

　スペイン風邪は，人類が遭遇し最初に大流行した感染症であった．感染者は約 5 億人以上，死者は 5,000 万〜1 億人に及ぶ．1918 年当時の世界人口は 18 億〜20 億人程度であったことから判断すると，世界人口の 3 割近くがスペイン風邪に感染したことになる．わが国でも，1918〜1920 年当時の人口 5,700 万人に対し，39 万人ほどが感染したと推定されている（池田ら，東京都健康安全研究センター年報，**56**，369-374，2005）．

　スペイン風邪の世界的流行の経緯として，1918 年 3 月に米国で最初の流行が確認されている．その後，米軍の欧州への進軍とともに大西洋を渡り，欧州でスペイン風邪が流行した．1918 年秋には世界中に拡散し，重症な合併症を起こして死者が急増した．第 2 弾として，1919 年の春から秋にも世界的に流行した．その後の調査

で，スペイン風邪の病原体は A 型インフルエンザウイルス（H1N1
亜型）であると判明した．ちなみに，鳥インフルエンザウイルスも
H1N1 亜型である．これらのことから，スペイン風邪はそれまでヒ
トに感染しなかった鳥インフルエンザウイルスが突然変異を起こ
し，ヒトに感染するようになったと考えられている．当時，スペイ
ン風邪に対する免疫をもった人がいなかったことも大流行の原因の
1 つかもしれない．

④　後天性免疫不全症候群（AIDS）

　2015 年現在，世界で 3,670 万人以上の人々がエイズウイルスに感
染し，2015 年だけでも 210 万人以上が新たに感染している．エイ
ズ（AIDS）は後天的免疫不全症候群（acquired immuno-deficiency
syndrome）の略で，その病原体であるウイルスがヒトに免疫不全を
起こすことから，その原因ウイルスを human immuno-deficiency
virus と呼び，それを HIV と略して呼ぶようになった．

　エイズウイルスの第一発見者は，パストゥール研究所のモンタ
ニエ（Luc Antoine Montagnier）教授の研究グループで，彼は共同
研究者のバレシヌシ（Françoise Barré-Sinoussi）博士とともに 2008
年にノーベル医学・生理学賞を受賞している．モンタニエが主宰す
る研究部門では，1982 年の暮れ，パリの医師たちのグループに依
頼されて，免疫系の病気に罹った患者たちからレトロウイルスを探
す研究を始めた．そのスタッフとして，ウイルスの分離および培養
はシャーマン（Jean-Claude Chermann）室長と女性研究員のバレシ
ヌシ博士が担当した．その数週間後にエイズの原因ウイルスを発見
したのである．モンタニエらは，LAV と命名したバレシヌシ発見
のウイルスを用いてエイズ検査薬も開発した．ちなみに，モンタニ
エは，1972 年にパストゥール研究所にウイルス学部門を設置，30
年間にも及ぶ研究生活を送り，1991〜1997 年にエイズ部門を指揮し

正面建物

ウイルス部門

バイオテクノロジー部門

図 1.7 パリ・パストゥール研究所の風景

た（図 1.7）．

⑤ ノロウイルス感染症・ロタウイルス感染症

晩秋から春にかけて，乳幼児，小学生，高齢者が嘔吐性の下痢症を引き起こすことがある．冬季の嘔吐下痢を起こすおもなウイルス病原体は，ノロウイルスとロタウイルスである．細菌性の食中毒（サルモネラ，赤痢，大腸菌 O157 等の腸管出血性大腸菌感染症）とウイルス性の嘔吐下痢症との大きな違いは，発症時期である．細菌が原因の場合は夏場の発症が多いのに対し，ウイルスが原因の場合は冬場に発症することが多い．

ノロウイルス（Norovirus）は約 7,500 塩基をもつ一本鎖 RNA ウイルスで，エンベロープ（一部のウイルス粒子に見られる膜状構造

体）をもたない．ノロウイルスによる下痢症は生の牡蠣を食べることによる食中毒として知られ，ヒトからヒトへの伝染力が強く，集団発生した場合には，集団食中毒なのか，あるいは最初の感染者からのヒト・ヒト感染によるものなのかは判別できないことが多い．ノロウイルス感染による主症状は嘔吐と下痢であり，血便はほとんど認めない．小児ではおもに嘔吐，成人では下痢が多いことも特徴である．嘔吐下痢は 1 日数回，激しいときには 10 回を超えることもある．感染後の潜伏期間は数時間〜数日（平均 1〜2 日）で，症状持続期間も 10 数時間〜数日（平均 1〜2 日）である．生牡蠣を食べて発症することは知られているが，加熱不足の牡蠣やアサリなどの二枚貝を内臓ごと摂取することによっても起きる．

ロタウイルス（Rotavirus）は 1972 年に見つかった．ウイルスのゲノムは二本鎖 RNA で，エンベロープをもたない．乳幼児はロタウイルスの感染を受けやすく，生後 4 カ月〜2 歳頃までの乳幼児がこのウイルスに感染すると，「下痢症状」が重くなる．重い下痢症状が続くと「脱水症状」を誘発する．わが国では，ロタウイルス感染症による乳幼児の死亡はほとんどないが，発展途上国では毎年多くの乳幼児が死亡し，世界では年間 70 万〜100 万人の乳幼児がロタウイルス感染症による急性胃腸炎で死亡している．

⑥ ジカ熱・デング熱

ジカ（Zika）熱は，フラビウイルス科（Family Flaviviridae）に属するジカウイルス（Zika virus）の感染によって発症する．ジカウイルスをもった「ネッタイシマカ」や「ヒトスジシマカ」などのヤブカに刺されることで感染する．これまでに，アジア，中南米，カリブ海諸国，アフリカ，オセアニア，北米，アジア地域などで発症している．感染症状は，2〜7 日の潜伏期間を経て，発熱，頭痛，関節痛，筋肉痛，発疹，結膜炎などを発症する．特に，妊婦の感染

は胎児の小頭症発生の原因となるほか，おもに運動神経が傷害されて四肢に力が入らなくなる多発根神経炎である「ギラン・バレー症候群」の原因となる．ジカ熱に対する特別な治療法はなく，対症療法が行われる．

　他方，デング熱もフラビウイルス科に属する一本鎖（＋）RNA ウイルスであるデングウイルス（Dengue virus）が感染して起きる急性の熱性感染症で，発熱，頭痛，筋肉痛や皮膚の発疹などを引き起こす．熱帯や亜熱帯地域で流行しており，特に，東南アジア，南アジア，中南米で患者が多い．デングウイルスも「ネッタイシマカ」が媒介し，ヒトからヒトへと直接に伝染することはない．ワクチンはなく，蚊に刺されないようにすることが唯一の予防法である．

感染症治療薬の歴史

　細菌感染症治療に用いられた最初の抗生物質は，青カビ *Penicillium notatum* がつくる物質で，最初，黄色ブドウ球菌の増殖を阻害する物質として見出された．フレミングはこの物質を「ペニシリン」と名づけ，その研究成果を英国の実験病理学雑誌に 1929 年に発表した．ペニシリンが細菌感染症に適用できると確認されたのは，ペニシリンの発見から 10 年ほど経ってからのことである．その立役者はフローリーとチェーンで，当時，彼らの業績は「ペニシリンの再発見」として称賛された（**図 2.1**）．

　では，抗生物質の発見前は，どのような薬で感染症の治療に挑戦していたのであろうか．それが以下に述べる「化学療法剤」である．化学療法剤（chemotherapeutic agent）とはいかなる薬剤であろうか．その開発の創始者といわれる人物がいる．ドイツのエールリッヒである（**図 2.2**）．彼はアニリン系色素を用いた細胞染色法をずっと研究してきた．あるとき，血液中の細胞に比べて，マラリア原虫の方がメチレンブルーでよく染色されることを見つけた．これ

図 2.1 フレミング

図 2.2 エールリッヒ

がヒントとなって,「抗菌物質の選択毒性」の基本概念である「ヒトの細胞には毒性を示さず,寄生虫に対してのみ作用する物質」を見つければ,トリパノソーマ症の治療に使えるかもしれないというアイデアが考え出された.

2.1 化学療法剤

1904年,ドイツのエールリッヒに師事した志賀 潔は,エールリッヒとともにトリパノソーマ原虫に感染したマウスの治療にトリパンレッド(図 2.3)という色素が有効であることを見つけた.しかもトリパンレッドは,マウスに対する強い毒性は示さなかったので

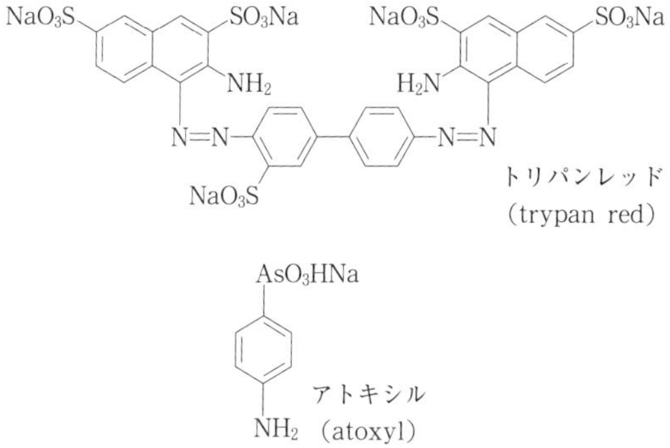

図 2.3　ヒ素化合物

ある．1905 年，トーマス（H. W. Thomas）は，ヒ素化合物である「アトキシル」がマウスのトリパノソーマ症に有効であることを発見した．当時，コッホは東アフリカに赴き，アトキシル（atoxyl）を用いてトリパノソーマ症の治療成績を挙げた．

　1906 年，エールリッヒは，新設された化学療法研究所の所長に就任し，新しい化学療法剤の開発研究を推進した．その 1 つが梅毒の特効薬「サルバルサン（salvarsan）」（**図 2.4**）で，本物質もヒ素化合物である．幸いにもその前年，梅毒の原因はスピロヘータの一種 *Treponema pallidum* であることが突き止められていた．1910 年，エールリッヒは秦 佐八郎とともに，サルバルサンが回帰熱にも有効であることを見出した．回帰熱は，シラミにより媒介されるスピロヘータの一種ボレリア・レキュレンティス（*Borrelia recurrentis*）が感染して起きる病気である．発症すると，発熱，頭痛，関節痛，脾腫が認められ，発熱期と無熱期を数回繰り返すことからその病名がつけられた．

　サルバルサンの発見は，「ヒトに毒性が低く，病原体には強い毒性を示す物質」を感染症治療薬とする化学療法剤の研究開発に大き

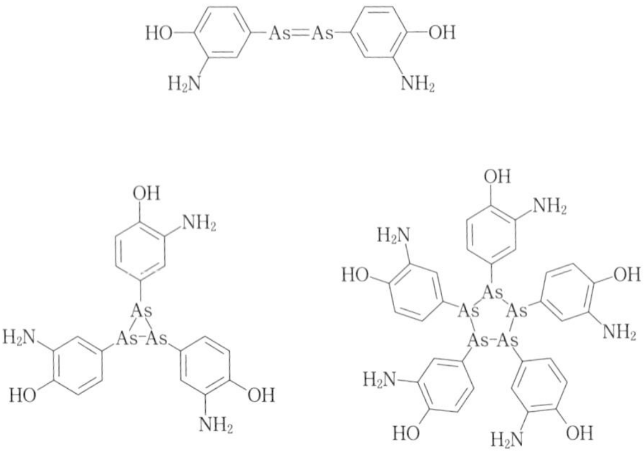

50

図 2.4　サルバルサン (salvarsan) の構造式

従来は上段のように考えられていたが，下段のような三量体と五量体であると判明した．

なインパクトを与えた．その後，ドマーク（Gerhard Domagk）は，
Streptococcus 属細菌による感染症にプロントジル・ルブラムが有
効であると発表した．1939 年ドマークは，「プロントジルに抗菌活
性がある」との発見によりノーベル生理学・医学賞の受賞者に選ば
れたが，ナチス政権下でドイツ人の受賞が禁止されていたことで辞
退し，第二次世界大戦後の 1947 年，改めてノーベル賞が授与され
た．ちなみに，フランスのトレフーエル（J. Tréfouël）は，プロン
トジル・ルブラムからアミノ基が外れた構造のプロントジル・アル
バムが抗菌活性の本体であることを突き止めた（Tréfouël *et al.*, *C.
R. Soc. Biol.*, **120**, 756, 1935）．この物質の発見を契機に，4-アミ
ノベンゼンスルホンアミド（スルファニルアミド）骨格を有する，
いわゆる「サルファ剤」が，ペニシリンの登場まで感染症治療薬と
して活躍した（**図 2.5**）．

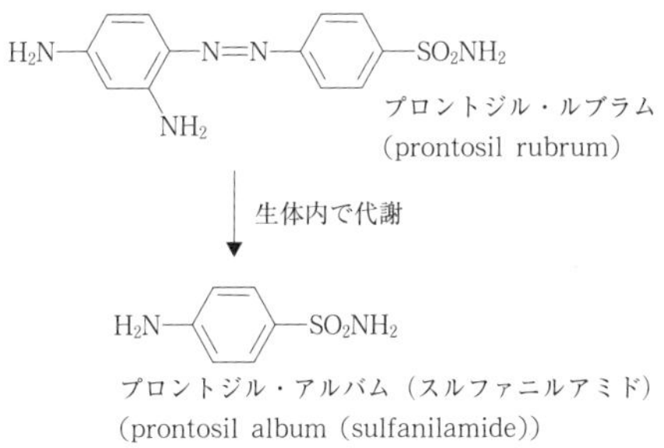
H2N
N=N
SO2NH2
NH2
プロントジル・ルブラム
(prontosil rubrum)
生体内で代謝
H2N
SO2NH2
プロントジル・アルバム（スルファニルアミド）
(prontosil album (sulfanilamide))

図 2.5　サルファ剤

2.2 半合成ペニシリンの開発

フレミングが発見したペニシリンは，その後，化学構造が決定され，その構造に基づいて「ペニシリン G」，別名「ベンジルペニシリン」と名づけられた．ペニシリンは分子構造中に *β*-ラクタム環と硫黄原子を有している．糸状菌セファロスポリウム・アクレモニウム (*Cepharosporium acremonium*) がつくる「セファロスポリン C」は，その生産菌の学名にちなんで「セフェム系」抗生物質と呼ばれているが，ペニシリンと同じ *β*-ラクタム環と硫黄原子を有するので，セフェムも同じ「*β*-ラクタム系」抗生物質のグループに属する（**図 2.6**）．その後，ベンジルペニシリン（ペニシリン G）の欠点であるグラム陰性細菌に効きにくい点を改善する必要があるとの考え方に従い，①グラム陰性細菌にも有効で，②経口投与が可能で，しかも，③腎毒性が少なく，④ペニシリンショックなどのアナフィラキシーを与えないなどを訴求した新しい *β*-ラクタム系抗生物質が開発されていった．たとえば，大腸菌由来のペニシリンアシラーゼ (penicillin acylase) という加水分解酵素でベンジルペニシリンを切断すると，6-アミノペニシラン酸 (6-aminopenicillanic acid) を得ることができる．その物質に対し有機合成化学的に側鎖

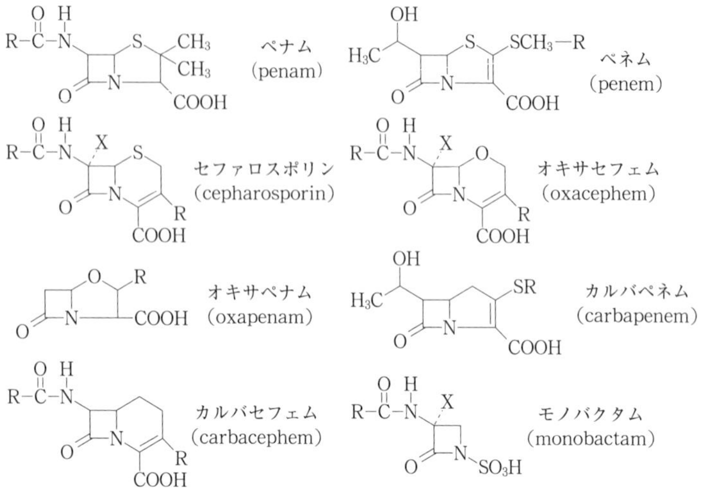

図2.6 各種 β-ラクタム系抗生物質

上記の構造式のなかで共通している4員環構造が β-ラクタム環であり，隣接する環が5員環の場合にはペニシリン（ペナム系），6員環の場合はセフェム系と呼んでいる．また，隣接環の5員環に二重結合の存在および非存在で，それぞれ，ペナム系およびペネム系と呼んでいる．さらに，隣接環にあるSがOに代わるとオキサ，Cに代わるとカルバという接頭語がつく．セファロスポリン系，セファマイシン系，オキサセフェム系を総称してセフェム系と呼ぶ．ちなみに，β-ラクタム環単独で存在する化合物をモノバクタムと呼ぶ．

を付加した抗菌剤が開発され，それを「半合成ペニシリン」と呼んでいる．たとえば，フェネチシリン（phenethicillin）やアンピシリン（ampicillin）はその仲間で，後者は，1960年に英国で開発された第三世代の半合成ペニシリンである．これまでに，第一世代から第四世代までの半合成ペニシリンが開発されている．おもな半合成ペニシリンの特徴を次に示す．第一世代は，6-アミノペニシラン酸の6位の側鎖にフェノキシ基を導入したフェネチシリンで，胃酸のような酸性下でも安定で，経口投与が可能である．6-アミノペニシラン酸の6位の側鎖にジメトキシ基を導入したものがメチシリ

ン（methicillin）である．この抗菌剤は第二世代の半合成ペニシリンで，ペニシリン加水分解酵素（penicillinase）で分解されないことから，ベンジルペニシリン耐性細菌による感染症治療に適用されていった．その後，ベンジルペニシリンのベンジル基にアミノ基を導入した半合成ペニシリンが開発され，アンピシリン（ampicillin）と命名された．この化合物が第三世代の半合成ペニシリンである．アンピシリンは，グラム陰性桿菌の細胞外膜および細胞内膜ともに通過しやすいことから，大腸菌，赤痢菌，サルモネラ菌などに有効であるが，緑膿菌には無効だったため，緑膿菌対策用に第四世代の半合成ペニシリンが開発された．たとえば，ベンジルペニシリンのベンジル基にカルボキシル基を導入したものがカルベニシリン（carbenicillin）で，カルボキシル基の代わりにスルホン基を導入したものがスルベニシリン（sulbenicillin）である．これらの抗生物質は緑膿菌に効くようには改良されたが，残念ながら，酸性条件下では不安定で経口投与は不可であった．次に，その欠点を補おうと，経口投与が可能なカリンダシリン（carindacillin）とカルフェシリン（carfecillin）が開発された．これらの抗生物質のもつカルボキシル基をエステル化することで経口投与が可能となったのである（**表2.1**）．

他方，セフェム系抗生物質も第一世代から第四世代まである．最近，メチシリン耐性黄色ブドウ球菌（Methicillin-resistant *Staphylococcus aureus*：MRSA）に有効な半セフェム剤が開発され，それを第五世代のセフェム系抗生物質と呼んでいる．

2.3　放線菌が生む抗生物質

風邪症状を緩和するために病院を訪れると，ほとんどの場合，抗生物質が処方される．実際には，風邪の9割はウイルスの感染が原

表 2.1 ペニシリン系抗生物質開発の変遷

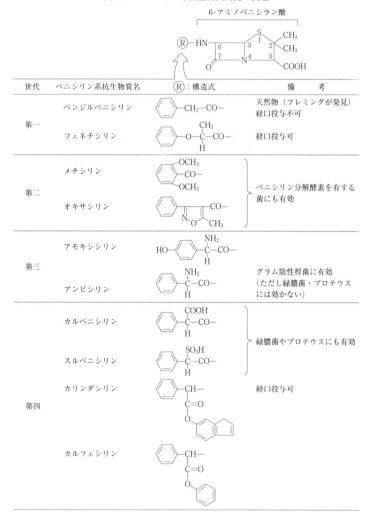

因なので，医師が処方する抗生物質では抗ウイルス効果は得られない．にもかかわらず，なぜ抗生物質が処方されるのであろうか？端的にいえば，ウイルスが感染すると免疫が低下する結果，細菌による二次感染のリスクが高まる．すなわち，風邪を引くと病原体に対する身体の抵抗力が低下し，熱が出て食欲も減退する．言い換えれば，免疫力が落ちて身体の抵抗力が下がると，ウイルスや細菌に感染しやすくなるのである．それでも無理して仕事を続けていくと，風邪症状は進み，食欲不振で体力と気力がさらに低下する．そんな場合には滋養をつけ，睡眠を通じて十分休養をとればよいものの，そうせずに風邪をこじらせてしまう人は多い．やがて扁桃炎や気管支炎を発症し，最悪の場合には肺炎を併発してしまう．なお，わが国では，ウイルス感染症に関しては，小児の時期に麻疹やポリオなどに罹らないよう，予防接種を受けることを義務づけている．これは，ウイルスに感染する前に予め免疫を施して身体に抵抗力をつけ，ウイルス感染症を未然に防ごうとする予防対策であるが，残念ながらウイルス感染症に有効な抗生物質は未だ存在しない．

近年，海外旅行を楽しむ日本人が急増するとともに，来日する外国人観光客も右肩上がりで増えている．その結果，保菌状態で入国した外国人や海外から帰国した日本人が国内の人々と不可避的に接触してしまい，感染が拡大する可能性がある．たとえば，サルモネラ菌による腸チフスやパラチフスは，保菌者の糞便を介して汚染された食物や飲料水により経口感染する．それらの治療には，クロラムフェニコール（chloramphenicol），テトラサイクリン（tetracycline），エリスロマイシン（erythromycin）などが処方される．一方，激しい嘔吐と米のとぎ汁のような下痢便を繰り返す恐ろしい症状は「コレラ」が疑われる．ビブリオ・コレラ（*Vibrio cholerae*）が感染すると激しい脱水症状が起こるので，大

量の水分補給とともに，クロラムフェニコールやテトラサイクリンの投与が必要となる．さらに，コリネバクテリウム・ジフテリエ（*Corynebacterium diphtheriae*）が感染して起きる「ジフテリア」は，本菌が産生する毒素で症状が悪化する病気である．その治療として，ジフテリア毒素を無毒化するため「抗毒素血清」を注射するとともに，エリスロマイシンやβ-ラクタム剤が処方される．

ところで，わが国の結核による死亡率は，1949 年（昭和 24 年）に 10 万人あたり 168.8 人であった．その後の栄養事情の好転とストレプトマイシン（streptomycin）の登場によって，1952 年（昭和 27 年）には死亡率が 82.2 人にまで低下した．1955 年（昭和 30 年）になると死亡率は 52.3 人，1993 年（平成 5 年）には 2.6 人にまで激減した．その後，ストレプトマイシン耐性結核菌の出現と，本抗生物質が難聴を誘発しやすいことから，耐性菌対策と副作用軽減のためにリファンピシン（rifampicin）が新しく開発された．

ペニシリン，ストレプトマイシンに続いて登場した抗生物質がクロラムフェニコール（chloramphenicol）であり，*Streptomyces venezuelae* が産生する．クロラムフェニコールは，ペニシリンやストレプトマイシンに比べると多くの病原細菌，たとえばグラム陽性および陰性細菌のほか，リケッチアやクラミドフィラ（クラミジア）にも有効である．これを薬学分野では，「抗菌スペクトルの広い」抗生物質と呼んでいる．ちなみに，昔，クロラムフェニコールは発酵法で製造されていたが，今は化学合成で製造されている．再生不良性貧血を含む骨髄損傷などがクロラムフェニコールの副作用である．4 番手として登場したテトラサイクリンは *Streptomyces aureofaciens* によって産生される．この抗生物質も抗菌スペクトルは広い．グラム陽性細菌，グラム陰性細菌，嫌気性細菌だけでなく，マイコプラズマやマラリア原虫に対しても効果を示す．ただし

② 感染症治療薬の歴史　57

テトラサイクリンの使用で骨や歯への色素沈着が生ずることがあり，歯が黄色や茶色に変色してしまったりする．

　テトラサイクリンに続く 5 番手としてエリスロマイシン（erythromycin）が登場した．この抗生物質は *Saccaropolyspora erythraea*（旧名：*Streptomyces erythraeus*）が産生し，抗菌スペクトルはペニシリンとほぼ同じであるが，ペニシリンアレルギーの患者に処方される．マイコプラズマやクラミドフィラ（旧名：クラミジア）などによる呼吸器感染症に効果を示すほか，梅毒や淋病などの性感染症の治療にも適用できる（**図 2.7**）．

　カナマイシンは，梅澤濱夫博士によって発見された抗生物質（1957 年）で，ストレプトマイシン耐性結核菌にも有効であることから，医療現場で活躍するようになった．その後，新規に開発された抗生物質に対しても耐性菌が必ず出現し，さらなる新しい抗生物質の開発が必要となる．だが，相変わらず，新規抗生物質とその耐性菌との間で「いたちごっこ」が続いている．厄介なことに，抗生物質を長期投与すると身体の抵抗力が弱まるので，これまでヒトに害を及ぼさなかった糸状菌や酵母が病原性を発揮し始める．これを日和見感染といい，抗生物質の長期使用によりその薬剤に対する耐性菌が異常に増殖する現象，いわゆる「菌の交代現象」が起きてしまった結果である．

　白血病やがんに罹患すると，酵母のカンジダ（*Candida*）に侵されやすくなるし，糸状菌により内臓や皮膚に膿瘍が生じることがある．また，ハトに寄生する酵母クリプトコッカス・ネオフォルマンスは，免疫機能の衰えた患者の脳や肺に病巣をつくる．腎移植した患者に真菌症を発症させるクリプトコッカス（*Cryptococcus*）もいる．このように免疫機能が低下して真菌症に罹患した場合，その治療にはナイスタチン（nystatin）やアンフォテリシン

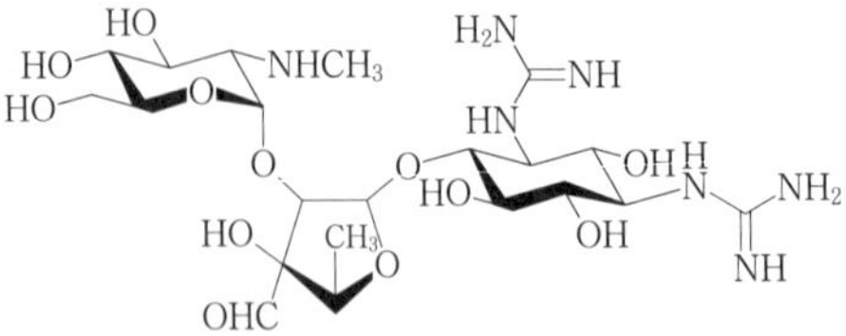

ストレプトマイシン（streptomycin）

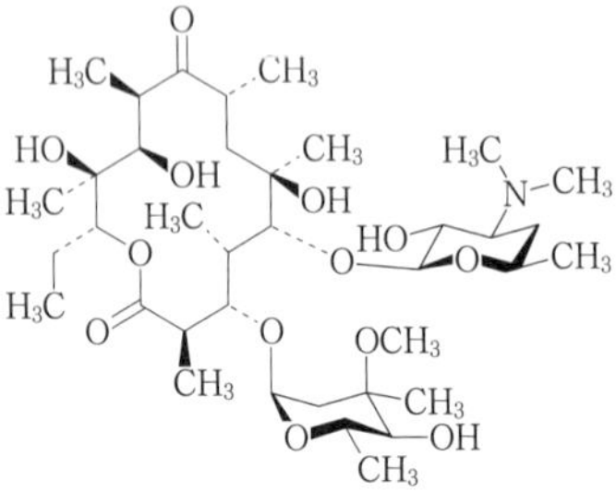

エリスロマイシン（erythromycin）

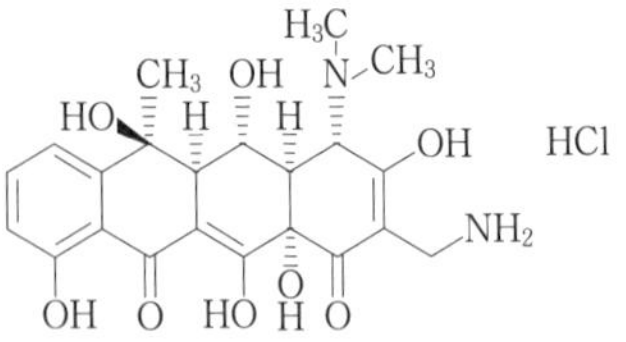

テトラサイクリン（tetracycline） 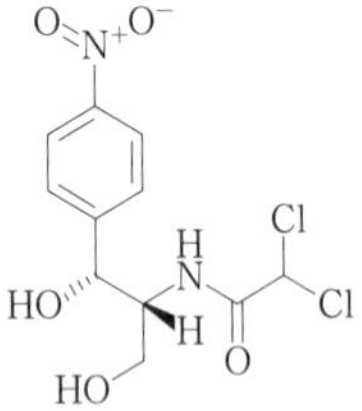　　クロラムフェニコール（chloramphenicol）

図2.7　放線菌の産生する代表的な抗生物質（1940～1950年代に発見されたもの）

B（amphotericin B）が使われるが，これらの抗真菌抗生物質は毒性が極めて強いのも事実である（**図2.8**）．

2015年，北里生命科学研究所の大村 智特別栄誉教授は，「線虫の寄生によって引き起こされる感染症に対する新たな治療法に関する発見」により，ノーベル医学・生理学賞を受賞した．彼は，産学共同研究の成果として，土壌から分離した放線菌 *Streptomyces* (*S.*) *avermectinius*（＝*S. avermitilis*）が，線虫をはじめとする

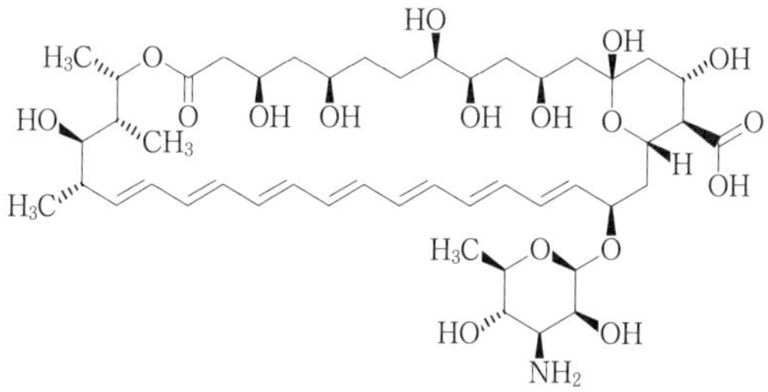

② 感染症治療薬の歴史　59

アンフォテリシン B（amphotericin B）

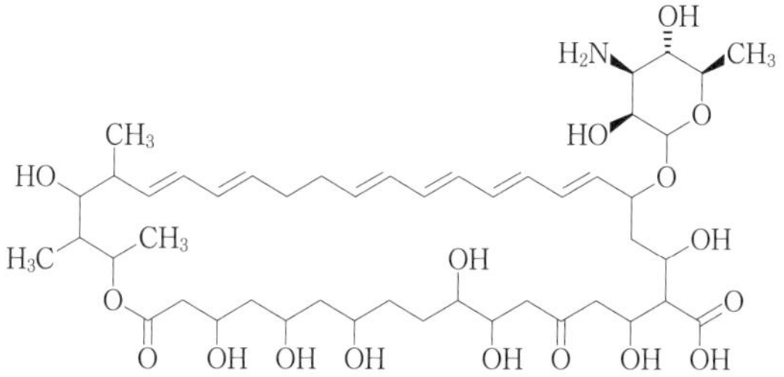

ナイスタチン（nystatin）

図 2.8　真菌症に利用される抗生物質

寄生虫に有効な 16 員環マクロライド化合物をつくることを見出し，その物質をエバーメクチン（avermectin）と名づけた．本物質は細菌や真菌には抗菌力を示さないが，寄生虫（回虫，肺線虫，糸状虫）や，節足動物（ダニやハエ）に強力な殺作用を示す．具体的には，寄生虫や節足動物の神経に選択的に働き，神経麻痺を起こさせて死滅させる．特筆すべきことに，エバーメクチンは哺乳動物に親和性が低く，かつ，中枢神経系には作用しないために神経麻痺作用は示さない．

　その後，エバーメクチンの抗寄生虫活性を強め，かつ，哺乳動物への副作用をできる限り低減化すべく，米国メルク社と共同研究を進めた結果，有機合成化学の手法を用いて「ジヒドロ誘導体の

イベルメクチン」が開発された（序章，図4参照）．なお本物質は，1981年から家畜の寄生虫駆除に広く適用されている．また，イベルメクチンはフィラリアの予防と駆除に著効を示す．動物の治療薬としての使用経験を踏まえて実証した結果，ヒトの「オンコセルカ症」に対しても極めて有効なことが判明した．オンコセルカ症は，回旋糸状虫という細長い糸状の線虫「オンコセルカ」によって起こる風土病で，皮下に大きなこぶ状の腫瘤をつくり，激しいかゆみと発疹を伴うとともに，幼虫が血管を通って目に到達すると失明することもある．このことからオンコセルカ症は「河川盲目症」と呼ばれることもある．さらに，世界中で12,000万人もの患者がいるリンパ性浮腫と象皮症を主徴とする「リンパ系フィラリア症」や，ダニの寄生によるヒトや動物の「疥癬」の治療にもイベルメクチンが使われている．特筆すべきことに，「イベルメクチン」はアフリカなどで無償供与され，これまでに世界で年間3億人を失明の恐怖から救ったともいわれている．

抗生物質の種類と作用機序

　微生物から見出された抗生物質を含む生理活性物質はすでに20,000種を超えるが，その半分にあたる10,000種ほどは放線菌由来のものである．しかも，その80％（8,000種）がストレプトマイセス（*Streptomyces*）属放線菌のつくる物質であることに改めて驚かされる．世界で初めて登場した抗生物質「ペニシリン」は，放線菌ではなく青カビのつくる産物であるが，ストレプトマイシン，クロラムフェニコール，テトラサイクリンなどの主要な抗生物質は，ストレプトマイセス属放線菌によりつくられる．なお，エリスロマイシンは放線菌 *Saccharopolyspora erythraea* がつくるが，この菌株は *Streptomyces* 属に分類されていた時期がある．さらに，大村先生が1967年に見つけたエバーメクチン（evermectin）もまた，ストレプトマイセス属放線菌の一種 *Streptomyces avermectinius*（＝ *S. avermitilis*）による産物である．

3.1 化学構造の特徴による抗生物質の分類

多くの抗生物質が開発された結果, 化学構造の違いでいくつかのグループに分類できることがわかった. フレミングが発見したペニシリン, すなわち, ベンジルペニシリン (ペニシリン G) は, その分子構造中に β-ラクタム環と硫黄原子を有する. また, 糸状菌の一種 *Cepharosporium acremonium* がつくるセファロスポリン C も, β-ラクタム環と硫黄原子を有することから, これらはまとめて「β-ラクタム系」抗生物質として分類される. 他方, 梅澤が 1957 年に発見したカナマイシン (kanamycin: Km), ワクスマンが発見したストレプトマイシン (streptomycin: Sm) とネオマイシン (neomycin: Nm) の化学構造を調べてみると, これらはアミノ配糖体構造をもつことがわかり, この一群はアミノグリコシド系 (= アミノ配糖体) 抗生物質として分類される. そのうち Sm は, 構成糖として, ストレプチジン, ストレプトース, *N*-メチル-L-グルコサミンの 3 つの糖 (図 5.4 参照) を有し, 水溶性で, かつ, 塩基性を示す. Nm は Sm と同じく水溶性で, デオキシストレプタミンとリボースを含む 4 つの糖から構成されている. Km にはリボースがないが, デオキシストレプタミンを含む 3 つの糖から構成されている. 先に述べたように Km は, 開発当初, Sm 耐性を示す結核菌にも有効であることから, 結核の治療に使われた. その後, Km 耐性細菌が出現すると, トブラマイシン (tobramycin), ジベカシン (dibekacin), アミカシン (amikacin), ゲンタミシン (gentamicin) などが新たに開発された. ただし, これらアミノグリコシド系抗生物質の副作用として, 難聴, めまい, 平衡感覚の異常, ときに腎障害が認められることもある.

そのほか, 「クロラムフェニコール系」, オキシテトラサイクリ

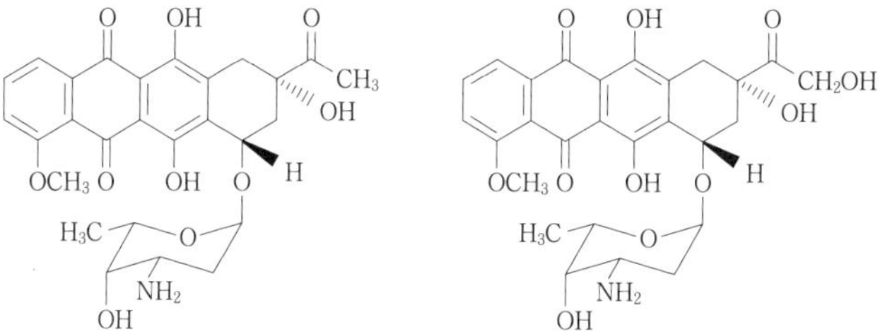

ダウノマイシン（＝ダウノルビシン）　　　アドリアマイシン（＝ドキソルビシン）
Streptomyces peucetius　　　*Streptomyces peucetius* var. *caesius*

図3.1　アントラサイクリン系抗生物質

ンやクロルテトラサイクリンを含む「テトラサイクリン系」がある．さらに，エリスロマイシン（erythromycin），ジョサマイシン（josamycin），スピラマイシン（spiramycin），オレアンドマイシン（oleandomycin）などを包括したものが「マクロライド系」抗生物質である．一方，アミノ酸が連なった「ペプチド系」グループもある．たとえば，グラミシジンS（gramicidin S）や，ラクトン環にペプチドが結合したアクチノマイシンD（atinomycin D），ポリミキシン（polymyxin），バシトラシン（bacitracin）などがそれである．

ナイスタチン，アンフォテリシンB，トリコマイシンなどは「ポリエン系」抗生物質の仲間で，おもに真菌症に適用される．他方，抗がん剤として使用されるダウノマイシン（daunomycin）やアドリアマイシン（adriamycin）は，「アントラサイクリン系」に所属する（**図3.1**）．同じ抗がん剤でも，ブレオマイシン（bleomycin: Bm）は「糖ペプチド系」に属する．Bmと同じ糖ペプチド系抗生物質として，ペプロマイシン（peplomycin: pepleomycinともいう），クレオマイシン（cleomycin），リブロマイシン（libromycin）などが知られている．

1962年，梅澤は，Kmの特許料を基金に創設した（財）微生物化

表3.1　おもな抗生物質とその副作用

抗生物質名	副作用
β-ラクタム系	アレルギー（アナフィラキシーショック，薬疹）腎障害
クロラムフェニコール	再生不良性貧血
テトラサイクリン	肝障害，光過敏症，骨の発達阻害，菌交代症，胃腸障害
アミドグリコシド系	腎障害，第8脳神経系障害（難聴）
マクロライド系	肝障害
リファンピシン	肝障害
サイクロセリン	精神神経障害

学研究所で新たな抗生物質の探索研究に取り組んだ．その結果，放線菌のつくる抗生物質が，抗がん剤もしくは農薬として利用できる道を拓いた．たとえば，梅澤により発見されたBmは，悪性リンパ腫，肺がん，精巣がんなどのがん治療に使われている．また，春日大社（奈良県）の土壌から分離した放線菌が産生するカスガマイシン（kasugamycin）は，稲のイモチ病を引き起こす防黴用抗生物質として利用されている．

　さまざまな抗生物質が細菌感染症の治療に用いられているが，副作用を引き起こすことも事実である．**表3.1**におもな抗生物質名とその副作用の関係をまとめた．

3.2　半合成抗菌剤

　β-ラクタム系抗生物質の分子構造中に存在する硫黄が炭素に置換された骨格をもつ「カルバペネム系（carbapenem）」抗生物質は，グラム陽性細菌から陰性細菌まで幅広い菌種に対して強い抗菌力を示すのが特徴である．黄色ブドウ球菌，腸球菌（*Enterococcus faecium* を除く）を含むグラム陽性細菌に対する抗菌力はセフェム系抗生物質よりも優れている．また，グラム陰性細菌のうち緑膿菌とバクテロイデス（*Bacteroides*）属などに比較的強い抗菌力を

③ 抗生物質の種類と作用機序　65

示す．なお，カルバペネム系の登場は，1976年に放線菌の培養液から見出されたチエナマイシン（thienamycin）がきっかけとなった．

　カルバペネム系抗生物質は，黄色ブドウ球菌を含むグラム陽性細菌のほか，緑膿菌およびバクテロイデスを含むグラム陰性細菌に効くことに加え，ペニシリナーゼとセファロスポリナーゼに対する阻害作用を示すことに注目が集まった．より詳細には，その基本骨格は β-lactam 環と5員環から構成され，かつ，4位に炭素原子，2位に2重結合をもつ．この構造は従来の半合成ペニシリンとは明らかに異なっている．また，イミペネム（imipenem）は，チエナマイシン（thienamycin）を化学修飾することで，物性的に安定性を高めた「半合成カルバペネム」といえる．さらに，モノバクタム（monobactam）も β-ラクタム系抗生物質の1つである．ほとんどの β-ラクタム系抗生物質はラクタム環に別の環が結合しているが，モノバクタムはラクタム環が単独で存在しているのが特徴である．また，緑膿菌を含む好気性のグラム陰性細菌に対しては優れた抗菌活性をもつが，グラム陽性細菌に対しては無力である（図2.6参照）．

3.3　抗生物質の作用機序

　細菌の細胞は，リボソームの存在する細胞質（cytoplasm）を取り囲むように細胞質膜（cytoplasmic membrane）があり，その細胞質膜の周辺をさらに細胞壁（cell wall）が囲んでいる．グラム陰性細菌とグラム陰性細菌の大きな違いは，後者には細胞壁を取り囲むように外膜（outer membrane）が存在している．したがって，グラム陰性細菌と陽性細菌とを比べると，外膜が存在する分だけグラム陰性細菌の方が，抗生物質は細胞質へ到達しにくいものと容易に

(a) 抗生物質の作用機序

ストレプトマイシン

　　リボソーム 30S サブユニットに結合し，タンパク質合成を阻害する．
　　アミノ酸の誤読を引き起こす．

エリスロマイシン

　　リボソーム 50S サブユニットに結合し，タンパク質合成を阻害する．
　　ペプチド伸長反応を阻害する．

テトラサイクリン

　　リボソーム 30S サブユニットに結合し，タンパク質合成を阻害する．
　　アミノアシル tRNA の A サイトへの結合を阻害する．

リファンピシン

　　RNA ポリメラーゼの β サブユニットに結合し，転写を阻害する．
　　転写の初期段階を阻害する．

(b) 抗生物質とその作用点

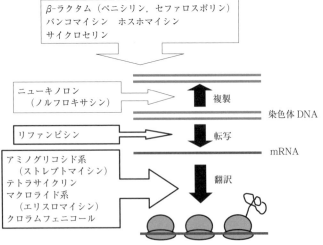

図 3.2　抗生物質の作用機序と作用点

③ 抗生物質の種類と作用機序　67

想像できる.

　抗生物質には細菌を死滅させたり,　増殖を阻害したりする作用がある.　その作用機序 (作用の仕方) として,　外から投与 (服用) した抗生物質が細菌細胞壁の合成を阻害したり,　細胞膜に孔をあけたりする可能性が考えられる.　さらに,　DNA から RNA への転写を阻害したり,　RNA からタンパク質への翻訳を阻害したりする可能性もある.　なお,　遺伝情報は DNA → (転写) → mRNA → (翻訳) → タンパク質の順に伝達される.　この節では,　おもな抗生物質の作用機序や作用点について概説する (**図 3.2**).

1.　DNA 合成を阻害する抗生物質

　抗がん剤として利用される抗生物質のなかには DNA 合成を阻害するものがいくつかある.　たとえばマイトマイシン C (mitomycin C) は,　1956 年,　北里研究所の秦 藤樹と協和発酵の共同研究グループによって *Streptomyces* (*S.*) *caespitosus* の培養液から発見された.　精製物は青紫色の結晶として得られ,　化学的性質は塩基性で,　水やアルコールに溶ける.　本抗生物質は細胞内で還元され,　その還元型が二本鎖 DNA のデオキシグアノシン部と水素結合を介して結合し,　塩基の間に架橋する.　その結果,　DNA が複製される際に一本鎖に分かれることができず,　DNA の複製が阻害されてしまう.　その後,　マイトマイシン C は一本鎖 DNA をも切断することがわかってきた.　本抗生物質は,　皮膚がん,　肺がん,　食道がん,　悪性リンパ腫などの治療に適用されるが,　副作用として造血器障害が起きる.　その結果,　貧血,　白血球減少,　無顆粒細胞症,　再生不良性貧血などの症状が出る.

　1962 年,　梅澤は *S. verticillus* が抗がん作用を示す物質を産生することを発見し,　ブレオマイシン (bleomycin: Bm) と名づけた.

ただし，その前哨戦として，彼は1956年に結核に有効な「フレオマイシン（phleomycin）」を発見し，この物質が抗がん作用をもつことから，その臨床応用を期待した．残念ながら，この物質は腎毒性が強くて臨床への適用が難しかったが，造血器に傷害を与える性質がフレオマイシンには認められなかったことから，この薬剤に類似で，かつ，腎毒性の少ない抗がん剤の発見に精力を注ぎ，最終的にブレオマイシン（bleomycin: Bm）を発見した．現在Bmは，皮膚がん，悪性リンパ腫，扁平上皮がんの治療に臨床使用されているが，副作用として肺線維症（肺胞壁の肥厚によって呼吸機能が低下する症状）と脱毛症状が認められる．Bmは水とメタノールに易溶であるが，エタノールには難溶の分子量1,500の糖ペプチドである．Bmが培養液から分離される際には，1分子のBmに1分子の銅をキレートした青色粉末として得られるが，毒性を軽減するため，硫化水素処理により脱銅する．その結果として粉末は白色になる．Bmの抗がん性は，この薬剤が二価の鉄イオンや還元剤，それに酸素分子の存在下で二本鎖DNAに結合したのち，一本鎖DNAを切断しDNA合成を阻害することに由来している．

　1965年，石田名香雄教授（東北大学）は，*S. carzinostaticus* が産生する分子量10,700の酸性タンパク質である「ネオカルチノスタチン」に抗がん作用のあることを見出した．実際には，このタンパク質に結合した分子量696のクロモフォアに抗がん活性がある．その作用機序としては，DNA鎖切断によるDNA合成阻害であり，胃がん，膵臓がん，急性白血病などの治療に使用される．他方，キノロン（quinolone）系およびニューキノロン（new quinolone）系の抗菌剤もまたDNA合成阻害剤の範疇に入るが，DNAジャイレース（DNA gyrase）の酵素活性を阻害することによるDNA合成阻害である．ちなみに，抗菌薬のなかでもニューキノロン系抗生物質は，

抗菌スペクトルが広いことから汎用される抗菌薬の1つで，本薬剤の服用により効率よく腸から吸収されて血中へ移行する．また，この抗菌剤は肺や尿道，呼吸器，胆道，前立腺など，組織への移行性に優れている．ニューキノロン系抗生物質として，シプロフロキサシン（商品名：シプロキサン），レボフロキサシン（商品名：クラビット），シタフロキサシン（商品名：グレースビット）などが知られている．

2. RNA合成を阻害する抗生物質

1954年，マナカー（R. A. Manaker）らは，*S. parvulus* がつくる赤色物質で水には溶けにくいがアセトンに易溶な抗生物質を「アクチノマイシンD」と命名した．本抗生物質は，二本鎖DNAのデオキシグアノシン部と水素結合し，DNA依存性RNAポリメラーゼ反応を阻害する．アクチノマイシンDは，ウイルムス腫瘍（がんの一種）の治療薬として使われるが，副作用として肝および消化器障害，脱毛，貧血などが起きる．

ダウノマイシン（daunomycin）とアドリアマイシン（adriamycin）は，ともに「アントラサイクリン系」抗生物質の仲間である．前者は，イタリアのディマルコ（A. Di Marco）が1964年に *S. peucetius* の培養物から発見したもので，それから4年後，同国のアクラモネ（F. Arcamone）らが *S. peucetius var. caesius* からアドリアマイシンを単離した．両抗生物質とも赤色の結晶状の粉末で，光や熱に対して安定である．ダウノマイシンは急性白血病の治療に効果を示すが，アドリアマイシンはそれに加えて，乳がん，肺がん，骨肉腫など，多くの固型がんに対しても有効である．ただし副作用として，両者とも食欲不振，嘔吐，脱毛，白血球や血小板の減少，心臓障害などが認められる．

3. タンパク質合成を阻害する抗生物質

　細菌のリボソームは70S タイプで，30S と 50S サブユニットから構成されている．30S サブユニットは1分子の 16S rRNA と 21 種のタンパク質からなる．一方，50S サブユニットは 23S および 5S rRNA と 34 種のタンパク質からなる．他方，酵母，糸状菌，動物および植物細胞のような真核生物のリボソームは 80S タイプであり，40S と 60S サブユニットから構成されている．

　細菌細胞内でタンパク質が合成される際には，mRNA，リボソームの 30S サブユニットおよび formylmethyonyl-tRNA の三者複合体が形成される．次に，50S サブユニットがこの複合体に結合してタンパク質合成がスタートする．タンパク質合成が続くためには aminoacyl tRNA がリボソームの A サイトに結合し，かつリボソームの P サイトに存在する peptidyl tRNA が GTP と伸長因子T（elongation factor T）の助けを借りて，A サイトの aminoacyl tRNA のアミノ酸部分と結合することが必要である．この反応をペプチド転移反応と呼び，この反応にペプチジルトランスフェラーゼ（peptidyl transferase）という酵素が関与している．この転移反応によりアミノ酸が1つ増えた peptidyl tRNA は，A サイトから P サイトに転座する．タンパク質合成の終了時には，ペプチジルトランスフェラーゼの作用で tRNA に結合しているタンパク質が切り離される．ちなみに，これまで発見された抗生物質の中にはタンパク質合成を阻害するものが多い．

　カスガマイシン（kasugamycin）は，30S ribosomal subunit/mRNA/formylmethyonyl tRNA 三者複合体の形成を阻害する．一方，テトラサイクリンは 30S サブユニットに結合して伸長反応の1つ，リボソームの A サイトへの aminoacyl tRNA の結合を阻害する．ストレプトマイシンもまた 30S サブユニットに結合するが，

テトラサイクリンと違って，開始反応および遊離因子とリボソームの結合反応を阻害する．タンパク質合成阻害抗生物質のなかには 50S サブユニットへ結合するものもある．クロラムフェニコールやエリスロマイシンがその例である．これらの抗生物質はペプチド伸長反応の 1 つ，ペプチジルトランスフェラーゼ反応を阻害する．またこの酵素は，終止反応すなわち，生成されたタンパク質をtRNA から切り離す反応を触媒するが，クロラムフェニコールはこの反応をも阻害する．ストレプトマイシンと化学構造が類似の抗生物質カナマイシン（kanamycin），ネオマイシン（neomycin），ゲンタミシン（gentamicin）などは 30S および 50S リボソームサブユニットに結合することにより開始反応と translocation 反応を阻害する．タンパク質合成がなされる際，mRNA の情報に従って特異的な aminoacyl tRNA が取り込まれるが，間違って別の aminoacyl tRNA が取り込まれることがあり，これをミスリーディング（misreading）と呼ぶ．ストレプトマイシンを含むアミノグリコシド系抗生物質はミスリーディングを起こしやすい．

　以上をまとめてみよう．タンパク質合成阻害を作用機序とする抗生物質は化学構造上の違いから，アミノグリコシド系，クロラムフェニコール系，テトラサイクリン系，プリン・ピリミジン系などに分けられる．「プリン・ピリミジン系」に属する抗生物質には，S. griseochromogenes により産生されるブラスティシジン S（blasticidin S）や，S. alboniger によりつくられるピューロマイシン（puromycin）が知られている．後者は，リボソームの P サイトに結合している aminoacyl tRNA あるいは peptidyl tRNA と反応し，aminoacyl–puromycin や peptidyl–puromycin を生成させる．この生成物はリボソームと結合できず遊離してしまい，ピューロマイシンが存在するとタンパク質としては完成できない．他方，ブラ

スティシジン S は 50S サブユニットに結合してタンパク質合成を阻害する.

4. 細胞壁合成を阻害する抗生物質

　次に，黄色ブドウ球菌を例にとり，細菌の細胞壁構造を眺めてみる．本細菌の細胞壁の主成分は「ペプチドグリカン」である．グリカンは N-アセチルグルコサミンと N-アセチルムラミン酸というアミノ糖が交互に連なった構造であり，N-アセチルムラミン酸から鉛直方向に「テトラペプチド鎖」が結合している．ちなみに，この鎖は L-アラニン–D-グルタミン酸–L-リジン–D-アラニンで構成されている．さらに，そのペプチド鎖の末端 D-アラニン残基と，隣の N-アセチルムラミン酸に結合したテトラペプチド鎖中の L-リジン残基との間を連結するように，5 つのグリシンが連なった「ペンタペプチド鎖」が架橋している．グリカンにペプチドがついたこの構造をペプチドグリカンと呼ぶ.

　N-アセチルムラミン酸に結合するテトラペプチド鎖が生合成される際，まず，ジペプチドである D-アラニル–D-アラニンが，N-アセチルムラミン酸についた L-リジン残基に結合する．次に，酵素トランスペプチダーゼが働いて D-アラニンを 1 つ切り放し，残った D-アラニンにペンタグリシンが結合する．β-ラクタム剤は D-アラニル–D-アラニンと立体的な構造が似ていることから，トランスペプチダーゼがジペプチドと間違ってペニシリンやセフェム系抗生剤を結合してしまう．その結果，ペプチドグリカンが合成できず，したがって，細胞壁合成が阻害されることになる．すなわち，β-ラクタム系抗生物質は，細菌細胞壁合成阻害剤として機能し，細胞壁合成が不完全であると細菌は破裂して死ぬことになる.

抗生物質耐性菌の脅威

4.1 薬剤耐性菌の出現

ペニシリンの発見以後,有機合成化学の手法を用いて,ペニシリンを部分的に変換した「半合成ペニシリン」が開発されていった.では,なぜ半合成ペニシリンが開発されていったのであろうか? それは,ベンジルペニシリンが登場した翌年には,この薬剤に効かない病原細菌が現れたからである.いわゆる,ペニシンン耐性菌(penicillin-resistant bacteria)の出現である.ペニシリン耐性をもった大腸菌の培養液にベンジルペニシリンを加えると,その抗菌作用が消失する現象が観察された.調査の結果,その大腸菌はペニシリンを加水分解する酵素を産生して,その薬剤を無毒化したのである.その後,ペニシリン分解酵素は,緑膿菌や黄色ブドウ球菌などによってつくられる事象が見出され,本酵素がペニシリン分子中の β-ラクタム環を加水分解することがわかった (**図 4.1**).ちなみに,その分解酵素を β-ラクタマーゼ (β-lactamase) と呼び,この

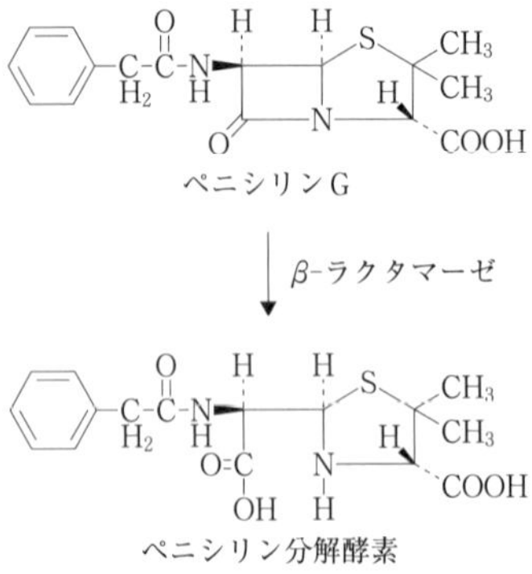

図4.1 ペニシリン分解酵素

酵素によって分解されたペニシリンは抗菌活性を失う.

1. クロラムフェニコール耐性菌

　感染症の治療薬として2番目に登場した抗生物質はストレプトマイシンで,3番手は1947年に発見された *S. venezuelae* 由来のクロラムフェニコール (Cm) であった.Cm は発疹チフスの原因菌リケッチアにも有効であることから臨床的に繁用されていった.しかしながら,1960年に新潟県で流行した集団赤痢の治療にはこの抗生物質は無力であった.予想どおり,患者から分離された赤痢菌の大半は Cm に耐性を示したのである.この菌の培養液に Cm を加えると数時間のうちに抗菌力が消失した.この現象の説明がつかぬまま5年の歳月が流れた.そして,ついに明らかにされたのは赤痢菌に関してではなく,Cm 耐性を示す大腸菌においてであった.Cm 耐性大腸菌は,Cm の抗菌力を消失させる酵素を産生していたのである.さらに詳しく調べたところ,Cm 分子の水酸基の2カ所がアセチル化されていた.このアセチル化された Cm はもはやタンパク質合成を阻害できなかった.その後,赤痢菌が獲得した Cm 耐性

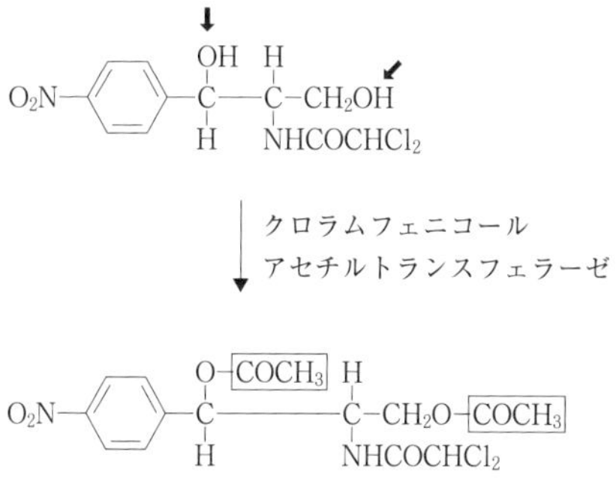

④ 抗生物質耐性菌の脅威　75

図 4.2　クロラムフェニコールの不活化

CH$_3$CO−：アセチル基. アセチル化の部位は 2 カ所ある（矢印）.

も大腸菌と同じくアセチル化酵素によるものとわかった. Cm をアセチル化する酵素をクロラムフェニコール・アセチルトランスフェラーゼ（chloramphenicol acetyltransferase）と呼んでいる（**図4.2**）. おもしろいことに上記大腸菌は，カナマイシンにも耐性を示し，かつ，カナマイシンをアセチル化する酵素を産生した. この不活化産物は，6′-acetyl kanamaycin と決定され，これがアミノグリコシド系抗生物質の不活化による耐性機構を証明した最初の報告となった. 以後，いくつかのアミノグリコシド系抗生物質で見出された耐性菌の薬剤耐性機構が次第に明らかにされていった.

2.　アミノグリコシド系抗生物質耐性菌

　ストレプトマイシン耐性を示す大腸菌のなかには，2 タイプの不活化酵素をつくる菌株があった. 1 つ目の不活化酵素はストレプトマイシンの 3″-OH 基をアデニリル化する酵素 [3″-adenylyltransferase；AAD（3″）]，2 つ目は，同じ 3″-OH 基をリン酸化する酵素 [3″-phosphotransferase；APH（3″）] であった. その後，カナマイシン耐性大腸菌のなかにリン酸化酵素

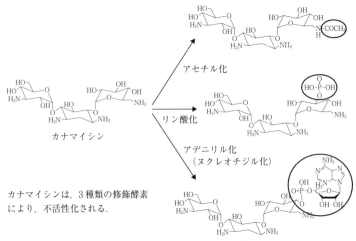

図 4.3　カナマイシンの不活性化

をもつ株が見つかった．この酵素は，ATP（アデノシン 5′-三リン酸）を利用してカナマイシンの 3′-OH 基をリン酸化するので 3′-phosphotransferase ［APH（3′）］と呼んでいる．興味深いことに，このリン酸化酵素は耐性黄色ブドウ球菌や緑膿菌からも検出された（**図 4.3**）．

さらに，アミノグリコシド系抗生物質として新規に開発されたゲンタミシン（gentamicin）やジベカシン（dibekacin）をアデニリル化する酵素を産生する大腸菌株が，それらの抗生物質をグアニリル化したり，イノシニル化したりすることも知られている．さらに，ネオマイシン（neomycin: 別名 fradiomycin）や，ゲンタミシンをアセチル化する酵素 6′-acetyltransferase ［AAC（6′）］や 3-acetyltransferase ［AAC（3）］も相次いで見出された．さらに黄色ブドウ球菌では，トブラマイシン（tobramycin）やアミカシン（amikacin）の 4′-OH 基をアデニリル化する酵素である

4′-adenylyltransferase [AAD (4′)] やゲンタミシンやジベカシンの 2″-OH 基をリン酸化する 2″-phosphotransferase [APH (2″)] も発見されている.

このように，アミノグリコシド系抗生物質に対する薬剤耐性菌を調べてみると，それらはヌクレオチジル化，リン酸化，アセチル化のいずれかの手段で抗生物質を修飾することで，抗菌活性を消失させることが判明した．ちなみに，アセチル化酵素およびアデニリル化酵素の共同因子 (cofactor) として，それぞれ，アセチルコエンザイム A (acetyl coenzyme A) および ATP が使われる．

3. テトラサイクリン耐性菌

テトラサイクリン (Tc) は，1948 年，ダガー (B. M. Dugger) によりクロルテトラサイクリンとして発見され，1950 年に日本の医療現場で使われ始めた．本抗生物質は，グラム陽性細菌から陰性細菌までカバーする広域の抗菌スペクトラムを示し，しかも毒性が比較的少ない物質として，感染症の治療薬として積極的に使われた．ところが，1952 年には Tc に耐性を示す赤痢菌が出現してしまった．その赤痢菌は，Tc とともにストレプトマイシンやスルホンアミドにも耐性を示す，いわゆる 3 剤同時耐性を示した．1957 年になるとクロラムフェニコール耐性能力をも備え，合計 4 種の抗生物質に対して同時に耐性を獲得した赤痢菌が出現し，全国に拡散してしまった．その後の 10 年間に分離された赤痢菌の約 7 割が，多剤耐性を示す菌に転換したのであった．

1959 年，抗生物質耐性を示す赤痢菌とその薬剤に感受性を示す大腸菌を混合して培養すると，大腸菌が抗生物質耐性を獲得する現象が見つかった．この現象がなぜ起きるのか，当時，多くの細菌学者の議論の標的となった．群馬大学の三橋 進教授の率いる研

究グループは，大腸菌の獲得した薬剤耐性は「R因子（R factor）」の伝達によるものであることを突き止めた．なお，R因子のRはresistantの頭文字に由来する．

　より詳細に説明しよう．生物が自己の生命の維持や子孫の繁栄に必要とする遺伝子は染色体上に載っている．たとえば，細菌が増殖するときには染色体DNAが複製され，細胞が分裂する際にそれぞれの細胞に分配される．R因子の本体もDNAであり，それは染色体DNAと同じく細胞内で複製される．ただし，R因子の複製が染色体によって制御されることはなく，自立的に複製される．この自立的に複製可能な染色体外遺伝因子を，三橋らはエピソーム（episome）と呼んだ．現在では，エピソームという言葉は使われず，代わりにプラスミド（plasmid）と呼んでいる．R因子は薬剤耐性遺伝子を備えたプラスミドである．

　最初，Rプラスミドは大腸菌や赤痢菌のほか，緑膿菌といったグラム陰性細菌で見つかった．興味深いことに，緑膿菌で見つかったRプラスミドのほとんどは緑膿菌にしか伝達されない．しかも，Rプラスミド上には1種類の抗生物質に対する耐性遺伝子が載っているというより，むしろ，多剤耐性遺伝子群が同じプラスミド上に並んで存在する場合が多い．黄色ブドウ球菌のなかには，pUB110と命名されたカナマイシン耐性遺伝子をもったプラスミドを保有する株がいる．筆者らの研究グループは，多剤耐性黄色ブドウ球菌のなかにトランスポゾンを介して，ゲノムDNA中にpUB110が組み込まれている例を見出した．

　ところで，テトラサイクリン（Tc）は，細菌の細胞膜を通過して細胞質に到達するとリボソームに結合して，タンパク質合成を阻害する．したがって，Tc耐性細菌の耐性機序としては以下のように考えられる．すなわち，①抗生物質が細胞内に透過しない．②透

過しても，すぐ細胞外に排出されてしまう．あるいは，③透過した Tc がリボソームと結合しない，いわゆる抗生物質の作用点である リボソームが耐性化している．④細胞内あるいは細胞外に Tc を不 活性化する因子（たとえば不活化酵素）が存在していて，抗生物質 の機能を不活性にするなどである．

1960 年から 1970 年代までは，Tc 耐性が薬剤の細胞内蓄積量の低 下によるものであるという認識しかなかったが，1980 年になって， Tc を細胞外へ排出させるタンパク質が働いて細胞内の Tc 蓄積量 を低下させることにより，Tc 耐性を獲得することがわかってきた． この排出タンパク質をコードする遺伝子はプラスミド上にあり，グ ラム陰性細菌から陽性細菌までの広い範囲で耐性菌が存在するこ とも判明した．ただし，Tc 高濃度耐性を示すグラム陽性細菌のな かに，リボソームに変異を起こして耐性化したものも存在する．ち なみに，Tc 系抗生物質には，上述したクロルテトラサイクリンの ほか，オキシテトラサイクリンがある．後者は，1950 年，フィン レー（A. C. Finlay）によって発見された．

4. エリスロマイシン耐性菌

1952 年，マイコプラズマ感染症にも効く抗生物質として登場した エリスロマイシン（Em）は，翌年には日本で使用が許可された．と ころが，次の年には Em 耐性菌の黄色ブドウ球菌が見つかった．こ の抗生物質耐性 Em 添加（投与）により誘導され，かつ，50S リボ ソームサブユニットの構造変異によるものであることが判明した． より詳細には，50S サブユニットを構成する 23S rRNA が，Em の 存在により誘導発現するメチル化酵素によって修飾を受け，リボ ソームが構造変化したのであった．その変異型リボソームはもはや Em を結合しなくなる．結局，抗生物質がリボソームに結合しなけ

ればタンパク質合成が阻害されないため，Em耐性を示す．

　以上に述べてきたように，薬剤耐性菌の耐性機序は，次のように3つのタイプに大別できる．第1のタイプでは，抗生物質を分解もしくは修飾する酵素，いわゆる抗生物質不活化酵素を産生するもの．第2のタイプは，投与された抗生物質の細胞内透過性を減少させるもの，あるいは抗生物質を排出するタンパク質によるもの，第3のタイプでは，抗生物質のターゲットサイト，たとえばリボソームが抗生物質を結合しないように構造変化して耐性化したものなどである．

4.2　MRSAとVREおよびディフィシル菌の脅威

　次に，多剤耐性細菌として悪名高いメチシリン耐性黄色ブドウ球菌（Methicillin-resistant *Staphylococcus aureus*: MRSA）における多剤耐性の獲得機構を眺めてみよう．MRSAの出現を許した背景には，感染症を治療する際，安易に，かつ，長期的に抗生物質を使用してきたことが挙げられる．病院内に定着したMRSAは，免疫機能の低下した患者，未熟児，老人などを襲い，重篤な症状を与える．実際，抗がん剤を投与されることにより免疫力が低下したがん患者は，日和見感染菌により死亡することも多く，これまで臨床的にあまり注目されていなかった菌種に対する対策も必要な時代になっている．

　さて，半合成ペニシリンの1つである「メチシリン」は，経口投与が可能な第二世代の β-ラクタム剤として1960年に登場した．しかしながら，その翌年にはメチシリン耐性を示す黄色ブドウ球菌が出現してしまった．MRSAは，院内感染症の原因菌として1960年代後半には欧米で，1970年代初頭にはわが国で，それぞれ注目されるようになった．残念なことに，1980年代半ばには日本国内に

広く MRSA が拡散してしまった．MRSA が重大視され，しかも恐れられる理由は，この細菌が単にメチシリンに耐性を示すのみでなく，多くの抗生物質に対しても耐性 (multi-drug resistance) を獲得し，結果的に感染症の治療に使える抗菌薬の種類が大幅に限定されてしまったからである．

黄色ブドウ球菌のなかに，リン酸化したりアデニル化したりする酵素を産生することによって，カナマイシンやゲンタミシンなどのアミノグリコシド系抗生物質を不活化したり，AAC (6′) 活性と APH (2′) 活性をあわせもつ両頭酵素 [AAC(6′)/APH(2′)] をつくって両抗生物質に対する耐性を獲得したりしている例がある．当時，広島大学病院で分離された MRSA のほとんどが AAD (4′) と AAC (6′)/APH (2′) を同時に産生していた．国内大手製薬企業の 1 社が，上記抗生物質不活化酵素の攻撃を受けないようにと，AAD (4′) と APH (3′) に対する標的部位を欠いた構造をもち，しかも AAC (6′)/APH (2′) に対して攻撃されにくい立体構造をもつアミノグリコシド抗生物質を開発した．それがアルベカシン (arbekacin) であり，MRSA に有効な抗生物質として汎用されている（**図 4.4**）．他方，MRSA に有効な抗生物質として，細胞壁合成阻害を作用機序とするバンコマイシン (vancomycin) も使われている（**図 4.5**）．ただし，この抗生物質は決して新しい

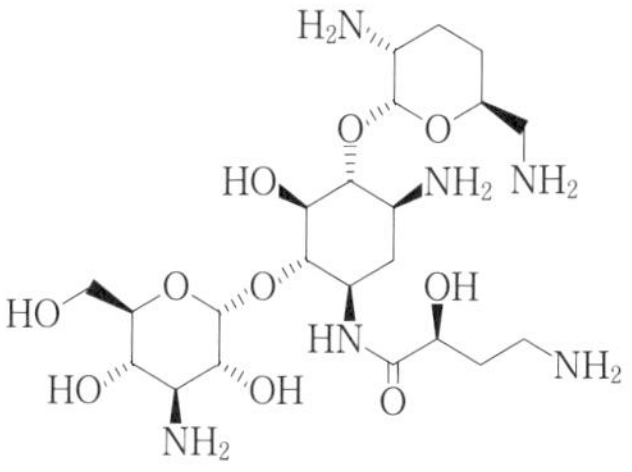

図 4.4　アルベカシン (arbekacin) の化学構造

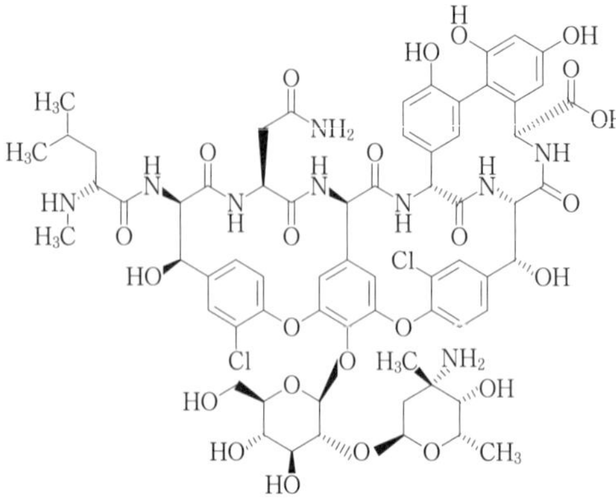

図 4.5 バンコマイシン (vancomycin) の化学構造

薬剤ではなく，欧米では 30 年以上も前から使われてきた．にも
かかわらず，長い間バンコマイシン耐性菌は出現せず，1986 年
になってフランスでバンコマイシン高度耐性を示す腸球菌（*En-
terococcus*）が見つかったのである．アメリカ疾病管理予防セ
ンター（Centers for Disease Control and Prevention: CDC）の
調査によると，バンコマイシン耐性腸球菌による院内感染率は
1989 年にはわずか 0.3% であったが，1993 年には 7.9% にまで急増
したのだった．本来，腸球菌は健康な人の口腔内や大腸にも常在
し，通常は健康リスクを生じさせることはない．ただし，免疫機能
が低下した人に感染すると，敗血症や心内膜炎などの重篤な症状を
引き起こす例が認められる．フランスをはじめとするヨーロッパで
は，バンコマイシンに構造が類似した抗生物質「アボパルシン」を
家畜飼料に配合することで大量に使用してきた．飼料にアボパル
シンを添加するのは家畜の成長を早めるためである．その結果と
して，家畜に出現した耐性菌が，食肉を介してヒトに伝播していっ
た可能性が高い．また，腸球菌のバンコマイシン耐性遺伝子は細菌

の種を超えて黄色ブドウ球菌に移る可能性もある。実際，1992 年に英国の研究グループにより，バンコマイシン耐性腸球菌と黄色ブドウ球菌を混合培養すると黄色ブドウ球菌がバンコマイシン耐性を獲得したとの報告がなされた。医療現場では，バンコマイシン耐性腸球菌を，Vancomycin-resistant Enterococci の頭文字をとって VRE と呼んでいる。このように，近年，薬剤耐性菌の相次ぐ出現により，感染症治療が世界的に危機的状態に陥っている。ちなみに，バンコマイシンは放線菌 *Amycolatosis orientalis* のつくる「糖ペプチド系」抗生物質で，その作用機序として，細菌細胞壁合成経路上の中間体である「D–アラニル–D–アラニン」にバンコマイシンが結合することにより正常なペプチドグリカンがつくられない結果，細胞壁が合成されない。

　米国や欧州では VRE の院内感染が広がり，いつの日か黄色ブドウ球菌も VRE 耐性を獲得することが危惧されてきた。というのは，耐性腸球菌のなかに VRE 耐性遺伝子（*van A*）をもったプラスミドを保有する株が見つかり，この耐性遺伝子がトランスポゾンを介して MRSA の染色体へ組み込まれることが予測されるからである。事実，*van A* をもつバンコマイシン耐性黄色ブドウ球菌（VRSA）が米国で出現した。

　21 世紀になって，VRE 対策用にリネゾリド（linezoid）が開発されたが，これは完全化学合成の抗菌剤である（**図 4.6**）。わが国でリ

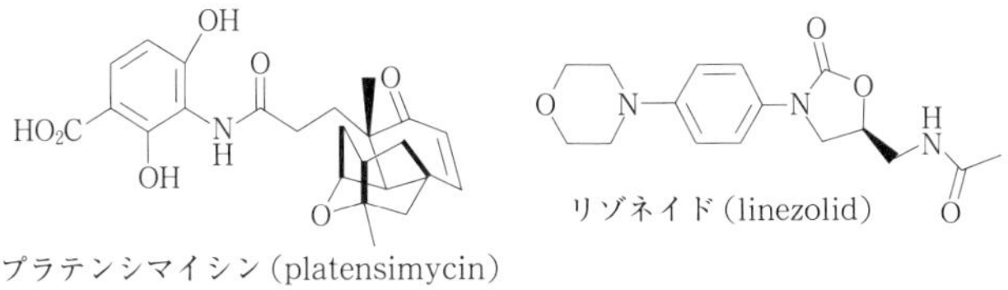

プラテンシマイシン（platensimycin）

リゾネイド（linezolid）

図 4.6　VRE 対策用抗生物質

ネゾリドが登場したのは2001年であるが，それからしばらくして
リネゾリドに対し耐性を示す細菌が出現してしまった．さらに，プ
ラテンシマイシン（platensimycin）は，2006年，米国メルク社のグ
ループが250,000個以上の天然物をスクリーニングすることによっ
て発見された．この抗生物質は *S. platensis* が産生し，細菌の脂肪
酸合成酵素の1つ β-ケトアシル-ACP（acyl-carrier-protein）シン
ターゼI/II（FabF/B）を阻害する．このユニークな作用機序から判
断すると，既存抗生物質とは違って，耐性菌が非常に出現しにくい
と期待されている（Wang *et al.*, *Nature*, **441**, 358, 2006; Habich
et al., *ChemMedChem*, **1**, 951, 2006）．

　近年，市中病院や老人施設等の入院患者や入居者の間で，クロ
ストリジウム・ディフィシル（*Clostridium difficile*）による感
染症の集団発症が起きている．この病原細菌は培養の難しさから
「difficile」と名づけられ，院内感染を起こすMRSAとともに，厳
重に監視すべき病原細菌の1つである．ディフィシル感染症はす
べての年齢層で発症するが，特に65歳以上の老人の発症率が高
い．ディフィシル菌は多剤耐性を示すとともに，産生するA毒素
（toxin A）およびB毒素（toxin B）により，下痢症状を引き起こす．
感染したヒトの糞便中にこの細菌が検出されることから，糞便中に
出てきたディフィシル菌で汚染された食器や手などを介してヒトの
口腔や粘膜に到達し，他のヒトへ感染していく．

　米国では毎年，約40万〜50万人のディフィシル感染症患者が発
生し，毎年1.5万〜2万人ほどが死亡していると推計されている．
ディフィシル菌は，抗生物質の長期使用時に下痢症や腸炎を起こす
例が多い．ディフィシル腸炎は，抗生物質の投与等で正常な腸内細
菌叢が撹乱されて菌交代現象が生ずることで発生すると考えられて
いる．統計的には，抗生物質の使用に関連する下痢症の20〜30%

はディフィシル菌がかかわっているとの報告もある。この感染症の治療には，メトロニダゾール（metronidazole）やバンコマイシン（vancomycin）を投与するが，メトロニダゾールには神経毒性があることから，再発時に繰り返し使用したり，長期使用したりすることは避けなければならない。米国のHIV感染者において，ディフィシル菌は細菌性の下痢症を引き起こす主要な病原体と認識されている。さらに英国では，胃酸分泌抑制剤（特に，H2ブロッカーやプロトンポンプ阻害剤）の投与を受けている患者はディフィシル感染症に罹りやすいとの調査結果が報告されている。

4.3 新たな抗生物質の開発

　新しい抗生物質が放線菌の二次代謝産物として見出され，それが臨床使用されるようになると，その薬剤に抵抗性をもつ，いわゆる薬剤耐性菌が出現した。それに対処するため，人類は英知を絞り，新しい抗生物質の発見と化学合成を駆使した抗菌剤の開発にも力を注いできた。いや，今でも精力をつぎ込んでいる。

　「抗生物質とは，微生物によってつくられ，微生物の増殖を阻害する物質である」とのワクスマンの定義に従えば，化学合成でつくられた抗菌剤はそのカテゴリーには入らない。ただし，ペニシリン系抗生物質の母核（6-アミノペニシラン酸）は微生物がつくる代謝産物なので，その母核に化学的修飾を加えて抗菌剤をつくる場合，それは抗生物質といってよいであろう。医療現場では，抗生物質を抗生剤や抗菌剤と呼ぶことも多い。近年，完全な化学合成品であるナリジクス酸（nalidixic acid）が開発され，これが第一世代の「キノロン（quinolone）系抗菌剤」と呼ばれる。キノロン系およびニューキノロン系抗菌剤は臨床的に汎用されていることから，これらの薬剤について以下に解説する。

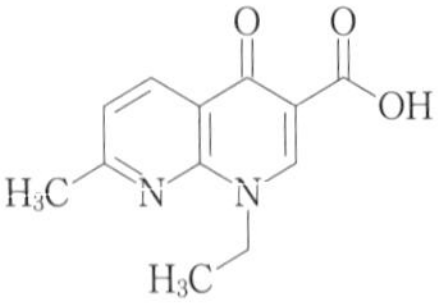

図 4.7 ナリジクス酸 (nalidixic acid) 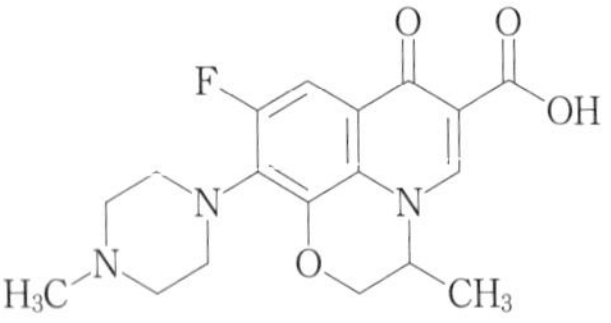　　　図 4.8 オフロキサシン (ofloxacin)

　マラリア原虫に有効なクロロキンの誘導体（7-クロロキン）が
抗菌作用を示すことがヒントとなって，ナリジクス酸（nalidixic
acid）が開発された（**図 4.7**）．この合成抗菌剤は，腎傷害を与える
ことが少ないことから，腎機能の低下した患者の尿路感染症の治療
薬として繁用されている．ただし，ナリジクス酸は緑膿菌を除くグ
ラム陰性細菌には有効であるが，グラム陽性細菌には効きにくい．
その後，ナリジクス酸の抗菌スペクトルの穴を埋めた新しいタイ
プの合成抗菌剤が開発された．その1つが，ニューキノロン系抗菌
剤のオフロキサシン（ofloxacin，**図 4.8**）である．キノロン系，お
よびニューキノロン系の抗菌剤は，DNA 複製にかかわる酵素 DNA
ジャイレース（DNA gyrase）の触媒活性を阻害する．
　キノロン系抗菌剤の臨床使用が始まると，しばらくしてこれら抗
菌剤に耐性を示す細菌が出現した．調査の結果，この薬の作用標的
である DNA ジャイレースに構造変化が起こって耐性化したのだっ
た．さらに，この薬剤の膜透過性の減少や汲み出しの活性化を伴っ
た耐性菌の存在も見つかった．それは膜透過系の変化や薬の作用点
の変異による耐性の獲得であった．このように，完全合成抗菌剤に
おいても耐性菌の出現を許した．

抗生物質を生む放線菌

　生物は必要物質が自己の周囲にあればそれを利用するが，ない場合は生体（細胞）内で当該物質をつくる．生体内の酵素や補酵素を駆使して化合物を合成する反応を「代謝」といい，特に，生体の維持，増殖，再生産に必須で，かつ，普遍的に存在する糖，タンパク質，脂質，核酸などを生成するための代謝を「一次代謝」と呼ぶ．一次代謝経路として，解糖経路，トリカルボン酸（TCA）経路，ペントースリン酸経路などがあるが，これらの経路は高度に相互依存している．他方，すべての生物に存在するとは限らない，いわゆる共通の生命現象に直接は関与しない物質の生成に関与する代謝を「二次代謝」といい，その生成物を二次代謝産物（secondary metabolites）と呼んでいる．

　自然界には抗生物質をつくる微生物がいる．ところが，その微生物は抗生物質をつくらなくても，生きていく上では支障はない．二次代謝とは，「生物が生きていく上で，必ずしも必要とは限らない代謝」といってもよい．その定義からすれば，抗生物質は典型的な

二次代謝産物といえる.

　ペニシリンの発見以降, 新たに見出された放線菌由来の抗生物質は 10,000 種を超える. 臨床使用されている抗生物質の 80% が放線菌由来であるとの報告もある. では, さまざまな抗生物質をつくる放線菌とはいかなる微生物なのか, その特徴を以下に述べる.

5.1　放線菌の特徴

　「放線菌」という分類学的な名前の由来は, この菌が動物の病巣中で, 放射状に発育することから「ray fungus」と呼ばれ, その語句が「放線菌」と意訳された. この微生物は, 一般的には菌糸状で発育することから, 一時は糸状菌と認知されていた時代もあった.

　今や放線菌は間違いなく細菌群に位置づけられている. その理由として, ①菌糸の幅はカビの 5 μm に比べ, 0.3〜1.2 μm と非常に細い. ②カビや酵母などの染色体は核膜に囲まれているのに対し, 放線菌には核膜が存在せず, その染色体 DNA は細胞質にある. ③細胞壁の構成成分がグラム陽性細菌のものと類似しており, 細胞壁成分としてのペプチドグリカンやテイコ酸が存在する. ④タンパク質合成を担う細胞内器官「リボソーム」が真核生物に特徴的な 80S タイプではなく, 細菌と同じ 70S タイプである. ⑤細菌に感染するウイルス (バクテリオファージと呼ぶ) がいるように, 放線菌に感染するウイルス (アクチノファージと呼ぶ) がいる. このような特徴は放線菌が明らかに細菌の仲間であることを示している. **図 5.1** に *Streptomyces* 属放線菌の典型的なコロニー (集落) の写真を示した.

　放線菌ゲノムの G (グアニン) と C (シトシン) の合計含有率は, 70〜73% と極めて高い. したがって, この微生物がつくるタンパク質のアミノ酸組成を調べてみると, GC のみから構成される

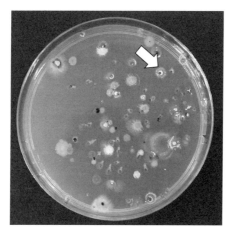

図 5.1 放線菌コロニーの分離
矢印は放線菌のコロニーを示す.

コドンに対応するアミノ酸である,アルギニン,グリシン,プロリン,そしてアラニンの含量が相対的に高くなっている.

　筆者が大学院時代に過ごした研究室では,放線菌と一般細菌との類縁性を調べる研究を行い,*Streptomyces* (*S.*) *griseus* から酸性リボソーム質(L7/L12 タイプのリボソームタンパク質)を単離後,そのアミノ酸配列を決定した.その結果,**表 5.1** に示すように,*S. griseus* の L7/L12 リボソームタンパク質は *Arthrobacter glacialis* のそれと最も高い類縁性(74%)を示し,他の細菌との類縁性は低かった(36〜46%).しいていえば,グラム陽性細菌である *S. griseus* のリボソームタンパク質のアミノ酸配列は,グラム陰性細菌(*Escherichia coli*, *Vibrio costicola*)に比べれば,グラム陽性細菌群(*Clostridium pasteuriarum*, *Bacillus subtilis*, *Bacillus stearothermophilis Micrococcus lysodeiktics*)と類縁性が高かった.筆者が大学院時代に所属した広島大学原爆放射能医

表5.1 各種細菌間での酸性リボソームタンパク質のアミノ酸配列の比較

E. coli, Escherichia coli; *V. cost., Vibrio costicola*; *C. past., Clostridium pasteurianum*; *B. stea., Bacillus stearothermophilus*; *M. lyso., Micrococcus lysodeikticus* MA 1/2; *B. sub., Bacillus subtilis*; *A. glac., Arthrobacter glacialis*; *S. grise., Streptomyces griseus.*

	E. coli	V. cost.	C. past.	B. stea.	M. lyso.	B. sub.	A. glac	S. grise.
E. coli	100	79	50	55	50	39	28	36
V. cost.	79	100	50	50	50	37	31	36
C. past.	50	50	100	84	78	63	51	41
B. stea.	55	50	84	100	82	74	49	44
M. lyso.	50	50	78	82	100	74	49	44
B. sub.	39	37	63	74	74	100	46	46
A. glac.	28	31	51	49	49	46	100	74
S. grise.	36	36	41	44	44	46	74	100

学研究所の大澤省三教授(その後,名古屋大学に移籍.名古屋大学名誉教授,日本学士院賞受賞)の研究グループの作成した系統樹によると,*S. griseus* はグラム陽性細菌,特に,*Micrococcus* 属との類縁性が高い.

　放線菌は土壌中にいるが,湖沼,河川,海洋,植物などからも分離できる.分離法の進歩とともに,大きなカテゴリーとして「放線菌群」が創設された.抗生物質を産生する放線菌の代表はストレプトミセス属(*Streptomyces*)であるが,それ以外にも,ノカルディア属(*Nocardia*),ミクロモノスポラ属(*Micromonospora*)などが知られている.この主要3属は,土壌で分離される放線菌のなかで分離頻度が高く,*Streptomyces* 属95%,*Norardia* 属約2%,*Micromonospora* 属1% との報告がある.ちなみに,ストレプトマイシンのように,抗生物質の名称には「〜マイシン」とつくものが多いが,これは放線菌,特に *Streptomyces* 属が生産する抗生物質に使われる名前である.

　Streptomyces 属放線菌の形態分化について簡単に見てみよう

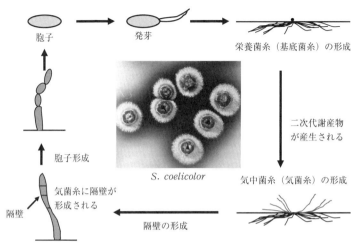

図5.2 放線菌の形態分化(ライフサイクル)

(**図5.2**)．まず，放線菌の胞子(spore)を寒天培地に接種して26〜28℃の温度に置くと，その胞子は発芽し，やがて菌糸(vegitative mycelium)となって，培地中に少し食い込むように増殖する．この菌糸を栄養菌糸もしくは基底菌糸と呼んでいる．数日経つと，栄養菌糸から空中に向かって気菌糸(aerial mycelium)が伸びてゆく．さらに培養を続けると，気菌糸が断裂して胞子となる．これが放線菌の生活環である．なお，胞子は芽胞とも呼ばれている．

抗生物質をつくる放線菌に関しては興味深い事実がある．分類学的に同じ種(species)であると同定された菌株が，化学構造のまったく異なる抗生物質をつくることがあるのだ．たとえば，ストレプトマイシンをつくるS. griseusのなかには，セファマイシン(セファロスポリン系抗生物質)やキャンディシジン(ポリエン系抗生物質)をつくる株もある．また，S. fradiaeはネオマイシンをつくる放線菌として有名であるが，エリスロマイシンと構造が

類似のタイロシン（tylosin）や，ホスホエノールピルビン酸に構造が似ているホスホマイシン（fosfomycin, phosphomycin）をつくる *S. fradiae* も存在する．一方，分類学的には明らかに異なる微生物が同じ抗生物質をつくる場合がある．ペニシリンは青カビの仲間 *Penicillium notatum* や *Penicillium chrysogenum* が生産するが，*Trychophyton menthagrophytes* という水虫の原因菌（これもカビ）やアスペルギルス属のカビもペニシリンをつくる．また，ブラスティシジン S は，放線菌 *S. griseochromogenes* のほか，*Streptoverticillium* 属の放線菌もつくる．このように，抗生物質の生産能力は，分類学上の属や種に特異的ではなく，菌株特異的であるというのが興味深い．

1963 年，ワインステイン（M. J. Weinstein）らは，ミクロモノスポラ（*Micromonospora*）属放線菌がゲンタミシン（gentamicin）をつくることを発見した（Weinstein *et al.*, *J. Med. Chem*, **6**, 463-464, 1963）．これが契機となって，*Streptomyses* 属以外の放線菌属が注目されるようになった．たとえば，テイコプラニン（teicoplanin）は *Actinoplanes teichomycetes* がつくり，フォルミシン（formicin）は *Micromonospora olivoaterospora* がつくる抗生物質である．

5.2 抗生物質の生産を制御するスイッチ

東京大学農学部（醗酵学教室）の別府輝彦教授の研究グループは，ストレプトマイシン（Sm）を産生する放線菌 *Strepromyces* (*S.*) *griseus* に抗生物質生産能が消失した変異体が出やすいことに気づいた．その現象を詳細に研究した結果，*S. griseus* は A 因子と呼ばれる微生物ホルモンをつくり，それが Sm 産生開始のためのスイッチになっていること，ならびに，Sm をつくれない変異株は

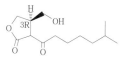

A-factor from *S. griseus*

図 5.3　A 因子の化学構造

A 因子をつくるための遺伝子の機能も失っていることを見出した．ただし，その発見に至る歴史的布石はあった．というのは，ロシアがかつてソビエト連邦であった時代，放線菌研究者のコホロフ（A. S. Khokhlov）は，「Sm 生産菌の産生するホルモン様の物質が抗生物質の生産と気菌糸形成を制御している」との極めて興味深い説を発表していた．*Streptomyces* 属放線菌は，基底菌糸（もしくは栄養菌糸とも呼ぶ）および気菌糸を形成したあと，その気菌糸が断裂して胞子となるという，一連のライフサイクルをもっている．コホロフは，*S. griseus* の Sm 生産能力と気菌糸形成の両方をコントロールする物質として A 因子（A factor）を発見した．それは 1967 年のことで，その物質は単離され，化学構造が明らかにされた（**図 5.3**）．その後，A 因子にかかわる研究報告はしばらくなかった．

1980 年，コホロフの研究を支持する報告が別府教授のグループから発表された．A 因子をつくれない変異株は Sm も産生しなかったのである．別府らは A 因子を化学合成し，その欠損株に添加してみた．その結果，Sm 生産能力と胞子形成能力が同時回復することを確認した．この放線菌株に Sm をつくらせ，かつ，基底（栄養）菌糸から気菌糸と胞子を生じさせる A 因子の濃度は，10^{-9} M の低濃度で十分であることも突き止めた．

このように，A 因子は Sm の生産に先立ってその細胞内でつくられたあと，抗生物質生産や自己耐性，さらには気菌糸および胞子の形成までもポジティブに制御する．このような，「A 因子が抗生物

質と形態分化に関与する遺伝子のスイッチを入れる役目をもつ」との事実は，これと協調して機能する A 因子レセプターの存在をも予想させても不思議ではない．別府らは，トリチウム [³H] で標識した A 因子を使って S. griseus の細胞質に存在する A 因子結タンパク質（レセプタータンパク質とも呼ぶ）を見つけた．さらに，① このレセプタータンパク質の分子量は 26 kDa であり，染色体あたり 37 分子つくられること，② A 因子の解離定数は 0.7 nM であることなどを明らかにした．この値は A 因子の有効濃度が極めて低いことと相関している．また，レセプタータンパク質への A 因子の結合親和性を調べ，A 因子とレセプタータンパク質とが 1：1 の割合で結合することもわかった．

別府グループの提案したモデルを，Sm 生合成の調節機構として遺伝子レベルで概観してみよう．まず，菌が発育してある特定の時期にくると，① A 因子がつくられ，②レセプタータンパク質と複合体を形成する．その結果，③レプレッサーとして機能しているのレセプタータンパク質が転写因子の 1 つをコードする adpA 遺伝子から遊離するため，④それまで抑えられていた adp 遺伝子が発現する．その結果，adpA 遺伝子がコードするタンパク質が，最終的には，抗生物質生産，自己耐性，胞子形成に関与する遺伝子にスイッチを入れる．

しばらくして，Sm 生合成と自己耐性にかかわる遺伝子を発現制御する遺伝子が見つかり，strR と命名された．A 因子は strR プロモーターを活性化することにより strR が読まれるように働き，その読み続きとしての自己耐性酵素（ストレプトマイシン 6-リン酸化酵素）をコードする遺伝子の転写も起きる．一方，strR 遺伝子産物が Sm 生合成酵素遺伝子の 1 つ strB の転写を活性化する．ちなみに，strB によってコードされるタンパク質はアミジノ基転移

⑤ 抗生物質を生む放線菌　95

酵素（amidinotransferase）であり，Sm 分子の構成糖の 1 つ「スト
レプチジン」の生合成にかかわっている．このように，別府グルー
プの精力的な研究が功を奏し，抗生物質生合成の制御機構が解明さ
れた．彼らの研究を契機に，放線菌における抗生物質生合成の調節
機構を遺伝子レベルで解析する道が拓けた．

　いずれにしても放線菌は，感染症の治療薬をつくるという，「創
薬や医療に極めて重要な役割を果たしている」こと，そして，それ
は多くの研究者たちの努力の賜物であり，その成果として数多くの
重要な抗生物質の発見および開発につながった．

　微生物がつくる薬はすでにとり尽くされてしまったと考えている
研究者が最近は多い．事実，国内製薬企業の「微生物資源研究所や
探索研究所」がいつの間にか消え，微生物から得られる新たな生理
活性物質や抗生物質の発見数は急速に減っている．しかしながら，
それは微生物の能力が限界にきたのではなく，研究者の知恵とイマ
ジネーションの乏しさに起因するのかもしれないと筆者は考える．

5.3　抗生物質生産菌の自己耐性

1.　タンパク質合成阻害抗生物質生産菌

　筆者の恩師である能美良作教授は，結核に有効な抗生物質ストレ
プトマイシン（Sm）の発見でノーベル医学・生理学賞を受賞した米
国ラトガース大学のワクスマン教授の研究室に留学した経験があ
った．帰国後，能美教授は，広島大学で Sm が生産菌の細胞内でど
のように生合成されるのかについて研究を進めていた．能美研究
室の教員（助手）に採用された筆者は，Sm は細菌のタンパク合成
を阻害するのに，Sm 生産菌のタンパク質合成システムが Sm によ
って阻害されるか否か，その疑問を明らかにしてみたいと能美教
授に申し出た．教授は「なかなかおもしろい発想だね」と「Sm 生

産菌の自己耐性機構に関する研究」をテーマとすることを許可して下さった．この研究を進めるにあたって，広島大学原爆放射能医学研究所（現：原爆放射線医科学研究所）の大澤研究室の大学院生として過ごした経験が役立った．当時，毎日のようにパン酵母（*Saccharomyces cerevisiae*）の菌体を破砕し，その破壊菌体から超遠心分離機を使って精製リボソームを大量取得することに奮闘した．その間，破砕した酵母菌体の総重量は 10 kg を超えた．そんな経験があったので，放線菌からリボソーム画分を得ることには自信があった．

　得られた Sm 生産菌 *S. griseus* の菌体を破砕して得られた細胞質画分から精製した 70S リボソームと S-150 フラクション（細胞質溶液から 150,000×3 時間の遠心操作により得られた画分）を用いて，本菌のタンパク質合成系が Sm の添加によって阻害されるかを調べようと，*in vitro*（試験管内）タンパク質合成系の開発を試みた．放線菌は一般的にプロテアーゼ活性が強いことから，そのシステム開発に少し苦労したが，3 種類のプロテアーゼ阻害剤を加えることで，放線菌の *in vitro* タンパク質合成システムを開発することに成功した．その成果の第一報は，ヨーロッパの著名な国際生化学雑誌（Sugiyama *et al.*, *FEBS Lett.*, **11**, 250-252, 1980）に発表した．その後，ネオマイシン（neomycin），ストレプトスリシン（streptothricin），ブラスティシジン S（blasticidin S），ピューロマイシン（puromycin）などのタンパク質合成阻害抗生物質を生産する各放線菌株の自己耐性機構を順次明らかにしていった．

　ストレプトマイシン生産菌（*S. griseus*）やネオマイシン生産菌（*S. fradie*）に代表されるアミノグリコシド系抗生物質を生産する放線菌は，自己抗生物質に対する感受性型リボソームを有するが，細胞質に存在するリン酸化酵素（phosphotransferase）で

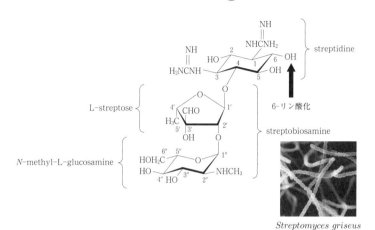

図 5.4 Streptomycin (Sm) の化学構造と Sm 生産菌の自己耐性機構

自己生産抗生物質を不活性化することにより，自己耐性を獲得していることを明らかにした（**図 5.4**）．特に，ストレプトマイシン (Sm) 分子のストレプチジン部分をリン酸化する酵素 (streptomycin 6-phosphotransferase) がストレプトマイシン生産菌 *S. griseus* における自己耐性因子であることを明らかにした．クロラムフェニコール生産菌 (*S. venezuelae*) のリボソームも自己抗生物質に対して感受性を示す．同じく，それぞれ感受性型リボソームをもつピューロマイシン (*S. alboniger*) 生産菌やブラスティシジン S 生産菌 (*S. morookaensis*) の自己耐性は，リン酸化酵素ではなく，アセチル化酵素により維持されていた．興味深いことに，薬剤耐性細菌が産生する抗生物質不活化酵素の 1 つであるアデニリル化酵素については，抗生物質生産菌では見つかっていない．

一方，自己生産抗生物質によってタンパク質合成が阻害されない，いわゆる耐性型リボソームを保有する放線菌もいる．たとえば，ペプチド系抗生物質の 1 つチオストレプトン (Thio) は，細菌

の 50S リボソームサブユニットに結合して，タンパク質の伸長反応の１つである，GTP/elongation factor/リボソームの三者複合体形成反応を阻害する．しかしながら，Thio 生産菌 *S. azreus* のリボソームは Thio をまったく結合せず，それゆえ，自己耐性を有している．このような耐性型リボソームを保有する菌は，エリスロマイシン生産菌（*Saccharopolyspora erythraea*）やバイオマイシン生産菌（*S. vinaceus*）等でも知られている．これら 50S サブユニットに作用する抗生物質をつくる放線菌では，23S rRNA メチル化酵素をつくって 23S rRNA を修飾することで，リボソームの高次構造を変化させ，その結果として自己生産抗生物質を寄せつけないと結論された．他方，30S サブユニットの高次構造の変化により自己耐性を獲得している放線菌は，トブラマイシン（*S. tenebrarius*），ゲンタミシン C（*Micromonospora purpurea*），イスタマイシン（*S. tenjimariensis*）などの生産菌である．これらはいずれもアミノグリコシド系抗生物質であり，30S サブユニットを構成する 16S rRNA の修飾が自己耐性にかかわっている．カナマイシン（Km）生産菌 *S. kanamyceticus* は自己耐性因子として，Km をアセチル化する酵素を産生するとともに，Km に対する耐性リボソームも保有している．それは 16S rRNA メチル化酵素によるリボソームの高次構造の変化に起因している．さらに，テトラサイクリン生産菌 *S. rimosus* やマクロライド系のオレアンドマイシン生産菌 *S. antibiotics* では，自己生産抗生物質を細胞外に排出させるタンパク質を保有することで自己耐性を維持している．

2．DNA 合成阻害抗生物質生産菌

1987 年，パリで研究生活を送るチャンスが訪れた．日本学術振興会とフランス国立保健医学研究機構（Instuitut National de la

Sante et Recherche Médical）との間で締結された日仏科学協力事業の交換研究者に選抜され，パストゥール研究所のデービス（Julian E. Davies）教授の研究室で過ごすことになった．その研究室では，筆者が以前から温めていた DNA 合成を阻害するブレオマイシン（Bm）を産生する *S. verticillus* の自己耐性機構の解明を研究テーマとした．Bm は分子量約 1,500 の糖ペプチド構造をもつ抗生物質で，*S. verticillus* によってつくられる．その強力な DNA 切断機能でがん細胞の増殖を著しく阻害することから，Bm は，肺がん，皮膚がん，精巣がん，悪性リンパ腫などのがんの治療に使われている．具体的には，Bm に 2 価の鉄イオン [Fe(II)] が配位すると，分子状酸素（O_2）を結合して Bm-Fe(II)-O_2 複合体が形成される．この複合体の還元によって生ずる Bm-Fe(III)-OOH$^-$ が DNA 切断を引き起こす．

　筆者はまず，*S. verticillus* の菌体を破砕し，その細胞質画分に対し Bm を加えてみた．その結果，Bm の抗菌活性には変化は認められなかったが，Bm とアセチル CoA を共存させると，Bm の抗菌活性が完全に消失した．この現象は，アセチル CoA を補酵素とした Bm 不活化酵素が細胞内に存在するためであると推測し，次なるステップとして，Bm アセチル化酵素をコードする遺伝子のクローニングを実施した．その結果，6 kb の DNA 断片として得られた領域内に Bm アセチル化酵素遺伝子が存在することを見つけたが，Bm 耐性を与える別の遺伝子も隣接して存在することもわかった．この機能不明の遺伝子を *blmA* と命名し，Bm アセチル化酵素遺伝子を *blmB* と名づけた．実際，Bm に感受性を示す放線菌 *S. lividans* は，*blmA* もしくは *blmB* を導入すると，いずれも Bm 耐性を獲得した．さらに，アセチル化は Bm 分子の β-アミノアラニンの α-アミノ基に起きることを明らかにし，本酵素を Bm

N-acetyltransferase と命名した.

パリから帰国後しばらくして,広島大学医学部に移籍することになった.当時,医学部は医学科と総合薬学科の2学科で構成されていた.縁あって,総合薬学科の薬品資源学講座の教授に迎えられた筆者は,その研究室において,上記の2種類のBm自己耐性遺伝子のコードするタンパク質の生化学的,ならびに構造生物学的な性質を明らかにすることにした.

そして,大腸菌を宿主として大量に取得した *blmA* 遺伝子産物（BLMAと命名）を解析した結果,BLMAはBmと特異的に結合することで,BmのDNA切断機能を失わせるものと示唆された.次に,BmとBm結合タンパク質との結合様式を三次元レベルで明らかにすべく,BmとBLMAとの複合体を結晶化し,そのX線結晶構造（1.6Å分解能）を決定した.ちなみに,*S. verticillus* により生産されるBmは銅錯体であることから,複合体の解析においてはBm銅錯体を使用した.X線結晶構造解析の結果,BLMAのホモモノマー2個でダイマー構造を形成し,そこに,2分子のBmを含んでいた.ダイマー形成は結果的に大きな溝（concavity）と長い溝（groove）からなるBm結合ポケットを2個つくり,各ポケットにBmが1分子ずつ収容されていた（**図5.5**）.

一方,X線結晶構造解析により *blmB* 遺伝子産物であるBAT（bleomycin *N*-acetyltranmsferase）の三次元構造を決定するため,大腸菌の宿主ベクター系にてBATを大量に取得し,そのタンパク質を結晶化した.ただし,最初に作製したBATの結晶は,3.0Å分解能までの反射データしか得られなかった.そこで,JAXA（宇宙航空研究開発機構）の協力を得て,タンパク質溶液をロシアの宇宙船プログレスにて運び,国際宇宙ステーションを利用した微小重力下で結晶化を試みた.約4ヵ月後にソユーズを用いて回収した結晶

⑤ 抗生物質を生む放線菌　101

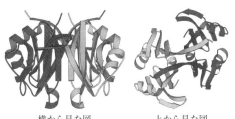

横から見た図　　　上から見た図

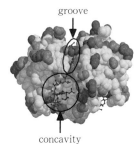

図 5.5　BLMA の三次元構造図

を放射光施設 SPring-8 BL41XU に持ち込み，回折データを収集した．その結果，宇宙で製した結晶は，分解能が 2.5 Å まで向上した．そこから得られた情報として，BAT 単量体は，N 末端と C 末端の 2 つのドメインからなり，しかも二量体を形成すること，ならびに，C 末端ドメインが二量体形成に関与していることが判明した．より詳細には，BAT の C 末端ドメインは Bm の DNA 結合ドメインと結合するが，N 末端ドメインは内部にトンネルを形成し，その片側で CoA と結合し，もう 1 つの側で Bm の金属結合ドメインと結合する．また，CoA 結合側はトンネル様の構造であるが，Bm 結合側は漏斗(funnel)の形に似ている．さらに，Bm のアセチル基受容体である α-アミノ基がトンネル内部に深く挿入され，CoA の

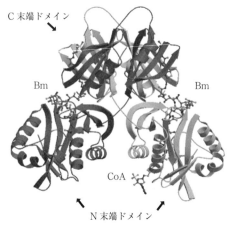

図 5.6 BAT/BmA$_2$/CoA 三者複合体の構造

チオール基に接近していることもわかった（図 5.6）．

 ところで，広島大学病院の総合診療部には外科学を専門とする横山 隆教授がおられた．横山教授から，臨床分離されたメチシリン耐性黄色ブドウ球菌（MRSA）の薬剤耐性パターンの調査に協力してほしいと声をかけられた．筆者はその要望に応えるべく研究を進めた結果，広島大学病院で分離された MRSA 株のほとんどは，カナマイシンと Bm に同時耐性を示すことがわかった．興味深いことに，MRSA 感染症治療のために Bm を投与することはないにもかかわらずである．MRSA から Bm 薬剤耐性遺伝子のクローニングに成功し，それを blmS と命名した．

 また，大腸菌が保有するトランスポゾン Tn5 上にも Bm 耐性遺伝子が存在することは，パストゥール研究所の同僚であったマゾディエール（Philippe Mazodier）博士により，すでに学術論文として発表されていた．筆者は帰国後，Tn5 に存在する Bm 耐性遺伝子によってコードされるタンパク質（BLMT と命名）が，Bm 生産菌

由来の Bm 結合タンパク質（BLMA）と同様，Bm を結合すること
を明らかにした．興味深いことに，BLMT と BLMA とはアミノ酸
配列の相同性は極めて低い（21％）にもかかわらず，三次元構造は
ほとんど同じであった．

　続いて，同じく X 線結晶構造解析法により，マイトマイシン C
（MMC）を産生する放線菌 *S. caespitosus* の自己耐性機構を調査
した．その結果，MMC 結合タンパク質（MRDP）は BLMA に類似
した構造をしていること，ならびに，MRDP は MMC のみでなく，
Bm とも結合することを実証した．実際，MRDP 遺伝子の導入され
た大腸菌は Bm 耐性を獲得する．

　MMC は，*S. lavendulae* や *S. caespitosus* により産生される抗
がん抗生物質である．このうち *S. lavendulae* では，*mrd* 遺伝子
によってコードされる MMC 結合タンパク質が，自己耐性因子の
1 つとして機能している．*S. caespitosus* からクローニングした
mrd 遺伝子によってコードされるタンパク質のアミノ酸配列は，
S. lavendulae の MRDP のミノ酸配列と 100％ 一致した．このよう
に，分類学的に違う菌種にもかかわらず，2 種類の MMC 生産菌の
自己耐性因子はまったく同じものであった．

3.　RNA 合成阻害抗生物質生産菌

　リファマイシン（Rm）は細菌の RNA ポリメラーゼの β-サブユ
ニットに結合して RNA 合成を阻害する抗生物質であり，放線菌
Nocardia mediterranei がつくる．ただし，治療用には Rm か
ら半合成されるリファンピシン（rifampicin）が使われる．ちなみ
に，細菌の RNA ポリメラーゼは，α が 2 つ，β，β' の計 4 つのサ
ブユニットから構成されている．他の研究グループが，*Nocardia
mediterranei* から *in vitro* RNA 合成系を調製し，Rm 添加の影

響を調べた．その結果，Rm はこの RNA 合成系を阻害しなかった．
すなわち，Rm 生産菌の RNA ポリメラーゼは自己生産抗生物質に
対して耐性を示す．*S. peucetius* が生産するドキソルビシン（アド
リアマイシン）やダウノルビシン（ダウノマイシン）のようなアン
スラサイクリン系抗生物質は，一般的に DNA 合成を阻害するが，
RNA 合成阻害の方が強い．これらの抗生物質は急性白血病等の治
療に使われている．この放線菌は自己生産抗生物質を細胞外へ排出
するためのポンプをもつことで自己耐性を維持している．

4. 細胞壁合成阻害抗生物質生産菌

ペニシリンは，細菌の細胞壁の構成成分であるペプチドグリカ
ン（peptideglycan）層の合成を阻害する．ペニシリンを生産する
Penicillium notatum は糸状菌（カビ）なのでペプチドグリカン
構造をもたず，自己生産したペニシリンの作用を受けることなしに
ペニシリンをつくることができる．

細胞壁合成阻害を作用機序とする抗生物質には，ペニシリン以外
にも，ホスホマイシン（fosfomycin, phosphomycin）や D-サイク
ロセリン（D-cycloserine: D-CS）が知られている．ホスホマイシン
は，細胞壁前駆物質合成に働く UDP-GlcNAc-ホスホエノールピル
ビン酸転移酵素の活性中心にあるシステイン（cysteine）残基に不
可逆的に結合することで本酵素を不活化させる．他方，結核の二次
選択薬として臨床使用されている D-CS は，ペプチドグリカン層の
形成に必要な alanine racemase（ALR）および D-Ala-D-Ala ligase
（DDL）の両酵素を阻害する．

ホスホマイシン（fosfomycin）は，放線菌 *S. fradiae* が産生す
る抗生物質の 1 つであり（Rogers *et al.*, *Antimicrob. Agents
Chemother.*, **5**, 121-132, 1974），グラム陽性細菌とグラム陰性細菌

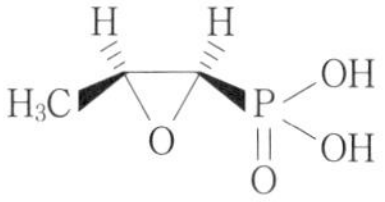

図 5.7　ホスホマイシン (fosfomycin)

の両者に有効である．この抗生物質は pH の低い環境下で抗菌活性がより強く，尿中に活性体が排泄されるので，尿路感染症の予防と治療のために使われている．ホスホマイシン（**図 5.7**）は，細菌細胞壁の構成成分ペプチドグリカンの合成を阻害する．ただし，β-ラクタム系抗生物質とは異なり，細胞壁のムレイン（murein）架橋を阻害するのではなく，ムレイン単体の生合成を阻害することが特徴である．なお，ムレインとは細菌細胞壁の基本構造をなす多糖とペプチドからなる網状巨大分子であり，ペプチドグリカンの別称である．ムレイン単体の合成阻害抗生物質として，ほかにバンコマイシン（vancomycin）が知られている．

　筆者の研究グループは，D-CS 生産菌 *S. garyphalus* や *S. lavendulae* ATCC25233 の染色体から ALR および DDL をコードする遺伝子をクローニングしたあと，両遺伝子産物の酵素反応速度論的解析を行った．その結果，D-CS 生産菌の DDL は，*E. coli* のそれと比較して，D-CS に対する K_i 値が 100 倍以上高かったことから，D-CS 生産菌の DDL は自己耐性因子として機能していると考えられた．

　他方，ALR は補酵素としてピリドキサール 5′-リン酸（PLP）を必要とし，D-CS が PLP へ結合することにより，D-CS の不活化が起こる．D-CS による PLP の不活化速度を比較した結果，D-CS 生産菌の ALR は大腸菌のそれに比べ，不活化体への生成速度が遅いことがわかった．さらに，D-CS 生産菌由来の DDL あるいは ALR 遺伝子を過剰発現させた大腸菌は，大腸菌自身の DDL や ALR を

過剰発現させたときよりも，D-CS に対する高い耐性を示した.

続いて，D-CS 生産菌の ALR の X 線結晶構造を解析した．その結果，*S. lavendulae* の ALR の結晶構造と D-CS 感受性細菌 *Bacillus stearothermophilus* のそれを比較すると，後者に比べて前者の方が，ALR のダイマー構造の境界面に形成される触媒活性部位は D-CS による阻害を受けにくい空間を形成していた．このように，D-CS 生産菌の ALR と DDL はともに D-CS 耐性因子として機能している.

以上のように，X 線結晶構造解析法を用いて，タンパク質合成阻害，DNA 合成阻害，細胞壁合成阻害など，作用機序の異なる抗生物質を産生する放線菌の自己耐性機構の解明を進めてきた．この研究成果は，薬剤耐性菌における耐性遺伝子の起源を知るためにも意義深く，かつ，新たに出現した薬剤耐性菌のための薬剤を設計・開発する上で重要な知見を与えるものと期待される.

5.4 放線菌のゲノム情報

1. 放線菌ゲノムの特徴

真正細菌の染色体は環状構造（circular form）をとるのに対し，*Streptomyces*(*S.*) 属放線菌のそれは線状構造（linear form）をとる．それに加えて，放線菌の染色体サイズは 8～9 Mb であり，大腸菌の 4.6 Mb と比べると 2 倍ほど大きい（**表 5.2**）．このことから，放線菌の遺伝子構成は大腸菌や黄色ブドウ球菌のような真正細菌のそれとは明らかに異なるものと思われてきた．しかしながら，*S. avermectinius* と *S. coelicolor* A3 (2) の全ゲノムが解読された結果，これら *Streptomyces* 属放射菌のゲノムのほぼ中央 6.5 Mb の領域（コア領域と呼ぶ）を，*Mycobacterium* 属や *Corynebacterium* 属細菌のゲノム中央の領域と比較したところ，

表5.2 放線菌ゲノムの特徴

	S. coelicolor	S. avermectinus
Genome length (bp)	8,667,507	9,025,608
G + C content (%)	72.1	70.7
Protein coding gene	7,825	7,576
*Coding density (%)	88.9	86.2
Secondary metabolism clusters	22	32

*ゲノム上に存在すると推定される遺伝子の割合

遺伝子の種類と配置が類似していたことから，これらの領域は *Streptomyces* 属放線菌と一般的な細菌の基本骨格である可能性は高い（池田ら，化学と生物，**44**, 391-398, 2006）.

　北里大学の池田らの解析により，*S. avermectinius* の複製・転写・翻訳，細胞骨格形成に関与する遺伝子や一次代謝系に関与する遺伝子のほとんどはコア領域にあることがわかった. 一方，RNA合成酵素のシグマ因子とアミノ酸生合成に関与する遺伝子の多くはコア領域に存在するものの，同じ遺伝子がゲノムの左末端側にも一部配備されている. ゲノムの左末端側に配置されているこれら遺伝子は，コア領域に存在する遺伝子のパラログ（重複遺伝子）と推測される. また，ゲノムの両末端には互いに逆向き相同配列があり，テロメアでの相同組換えにより，欠失・転座などが起きる結果，形質の不安定が現れるものと推察される. この相同配列部分は *S. rimosus* では 500 kb にも及ぶが，*S. coelicolor* A3(2) やストレプトマイシン（Sm）生産菌 *S. griseus* と比べると，*S. avermectinius* の遺伝形質は安定で，37℃ での高温培養や菌株の継代によって胞子形成能が消失することはなく，二次代謝産物の生産性も失われない.

　池田らによれば *S. avermectinius* のテロメア領域の完全な相同配列は 49 bp の長さであるが，*S. coelicolor* A3(2) および *S. griseus* では，それぞれ 21.6 kb および 24 kb である. このような

長い相同配列が形質の不安定性要因である可能性は高いと推測できる．すなわち，*S. avermectinius* の形質の安定性の要因は，テロメア配列が極めて短いことに起因するものと推察される．そのことから判断すると，池田らが主張するように，本菌株は産業に利用される微生物として理想の染色体構造を有しているといってよいのかもしれない．

放線菌の全ゲノムが解読されたことによって，二次代謝系遺伝子の多様性がわかってきた．一方，放線菌における物質生産に関しては，未だゲノム解読結果からだけでは十分な説明をすることはできない．今後，ポストゲノム解析と物質生産に関する分子レベルでの解析を積み重ねていくことによって，物質生産メカニズムのみならず，二次代謝産物をつくる生物的意義が，次第に明らかにされていくであろう．

ほとんどの放線菌においては，抗生物質生合成と自己耐性にかかわる遺伝子群は染色体上に存在している．事実，Sm 生産菌の場合がそうであるし，ブレオマイシン (Bm) 生産菌の場合も，筆者がクローニングした 2 種類の Bm 自己耐性遺伝子を含む 6 kb の DNA 断片中には Bm 生合成にかかわる遺伝子が含まれている．Bm や Sm をはじめとして，これまで調べられた限りにおいては，抗生物質生合成遺伝子と自己耐性にかかわる酵素遺伝子は互いに隣接して存在している．このことは何を意味するのであろうか？　たとえば，Sm 生合成遺伝子が転写される前に，その転写開始のスイッチとなる *strR* 遺伝子産物の合成と Sm リン酸化酵素の合成が同時に起こるという事実は，抗生物質がつくられる前に，予め自己産物の致死的作用から生体防御するための手段を備えようとする智恵を微生物がもっていることを示すものであろう．

ところで，抗生物質生合成遺伝子群がプラスミド上に存在し

ていることがある．たとえば，ポリケタイド（polyketide）系抗生物質の仲間「ランカサイジン（lankacidin）」と「ランカマイシン（lankamycin）」の生合成遺伝子群のほか，エリスロマイシンやオキシテトラサイクリンがそれである．ただし，抗生物質生合成遺伝子におけるプラスミド関与は例外的事象と捉えられていて，ほとんどの場合，生合成遺伝子群は染色体上に存在する．ポリケタイドとは，炭素数 2 の酢酸単位が直鎖状に重合して生合成された二次代謝産物の総称で，解糖経路で生成したアセチル CoA とマロニル CoA との縮合反応により，炭素数を 2 個ずつ増やす「酢酸・マロン酸経路」で生合成される．脂肪酸の生合成と違って酢酸単位のカルボニル基が残存したまま炭素鎖の伸長が起こり，ケトンとメチレンが交互に並んだポリケトメチレン鎖が中間体となり，通常，環状化する．ランカサイジンとランカマイシンの両者をつくる *S. rochei* 7434AN4 では，本菌株の保有する線状プラスミド pSLA2-L（210,614 bp）上にそれら抗生物質生合成遺伝子が存在する（荒川ら，バイオサイエンスとインダストリー，**66**，504-508，2008）．また，オキシテトラサイクリンの生合成遺伝子群は，*S. rimosus* の保有するプラスミド pPZG103 に組み込まれている．

2. 抗生物質生合成遺伝子クラスター

　全ゲノム配列の決定された細菌数は，2009 年時点で 900〜1,000 程度であった．その後，ゲノム解析技術が格段に進歩した結果，その解析数はウナギのぼりに増加し続けている[1]．さらに，全ゲノム解読情報から，*Streptomyces* 属放線菌においては，1 つの菌株がいくつもの二次代謝産物生合成遺伝子群を保有していることがわ

---

[1] 詳細は http://www.ncbi.nlm.nih.gov/genomes/static/gpstat.html を参照.

かってきた. ただし, それら生合成遺伝子群すべてが発現してい
るという訳ではなく, 多くは休眠状態にある. 北里大学の研究グ
ループにより, *S. avermectinius*（＝ *S. avermitilis*）の染色体に
は, 少なくとも 37 の二次代謝産物の生合成遺伝子が存在し, その
なかで 15 の生合成遺伝子群に対応する二次代謝産物が生成するこ
とが確認されている. 一方で, 二次代謝産物は「菌が増殖すれば必
ず生成する」と言い切ることはできない. 実際, 培養条件が変化
すると当該物質を生成しない例が認められている. たとえば, *S.
avermectinius* では, 培地組成および培養条件を変えても I 型ポ
リケタイドやオリゴマイシンなどは生成されるが, 高濃度グルコー
スを含む培地を用いて培養装置の振盪回転数を下げない限りエバー
メクチンは産生しない.

　ゲノム上に存在する二次代謝産物生合成遺伝子によりコードさ
れる酵素は, その特異的化合物をつくり出すための「マシナリー」
ともいえる. 極めて多くのゲノム情報が蓄積された結果, 同じタイ
プの「生合成酵素マシナリー」同士を比較することができるように
なり, それらの間でアミノ酸配列は類似していることがわかってき
た. すなわち, ゲノム DNA 配列（アミノ酸配列情報）から, たと
えば, テルペノイド, ポリケタイド化合物, ペプチドなどを合成す
る酵素を簡単に探し出すことができるようになった. このような,
ゲノム情報からある酵素の存在傾向を見つける方法をゲノムマイニ
ング（genome mining）と呼ぶ. 近年, 抗生物質をはじめとする二
次代謝産物の生合成に関する研究は, 「ゲノム情報に基づいて, あ
る傾向を抽出する技術」, すなわち「ゲノムマイニング」の手法を
用いて行われている.

　次に, 筆者の研究室で進めてきた, 臨床使用されている抗生物質
の生合成研究について少し触れてみよう.

D-サイクロセリン（D-CS）は，*S. garyphalus* や *S. lavendulae* によって生産される抗生物質である．本物質は，D-アラニンの環状アナログであり，細菌細胞壁ペプチドグリカン生合成に必須なアラニンラセマーゼおよび D-alanyl-D-alanine リガーゼの両酵素活性を阻害することにより抗菌活性を示す．D-CS は，既存の抗生物質に耐性を示す結核菌にも有効であることから，わが国では結核の第二次選択薬として用いられている．近年，D-CS は *N*-メチル-D-アスパラギン酸受容体に対するパーシャルアゴニストとして機能することが報告され，統合失調症や不安症などの精神疾患の治療薬としても期待されている．

2010 年，筆者の研究グループは，D-CS 生産菌 *S. laendulae* ATCC11924 の染色体 DNA から，D-CS 生合成遺伝子クラスター（*dcsA*～*dcsJ*）をクローニングすることに成功した（Kumagai *et al*., *Agents and Chemother*, **54**, 1132-1139, 2010）．また，D-CS 生合成経路を確定するために，D-CS 生合成クラスター中の遺伝子産物の酵素機能を解析した．その際，他の研究グループによる「D-CS 生合成の関与が推測される基質の供給（feeding）実験」の結果が生合成経路の確定に役立った．ちなみに，*dcsI* および *dcsJ* は，それぞれ *S. lavendulae* ATCC25233 および *S. garyphalus* （CSH）5-12 で見出され，D-CS 生産菌の自己耐性に関与する遺伝子であった．それらをもとに D-CS 生合成遺伝子クラスター中に存在する個々の遺伝子の機能，すなわちその遺伝子によってコードされるタンパク質の役割を示した（**表5.3**, **図5.8**）．

たとえば，D-CS 生合成の経路上に示した「DcsE」は，L-ホモセリン-*O*-アセチルトランスフェラーゼと相同性を示すが，アセチル CoA から L-セリンへのアセチル基の転移を触媒し，*O*-アセチル-L-セリン（L-OAS）を合成する．その経路上の中間体であるヒ

表 5.3　D–CS 生合成遺伝子クラスターの相同性検索の結果

ORFs	アミノ酸数	推定される機能	相同性（％）
DcsA	265	unknown, *Chromohalobacter salexigens* DSM3043	50
DcsB	273	arginase, *Erwinia tasmaniensis*	43
DcsC	287	diaminopimelate epimerase, *Xanthomonas campestris* pv. *campestris*	60
DcsD	324	*O*-acetyl-L-serine sulfhydrylase, *Chromohalobacter salexigens* DSM3043	73
DcsE	374	homoserine *O*-acetyltransferase, *Strenotrophomonas maltophila* R551-3	63
DcsF	267	short chain dehydrogenase, *Xanthomonas campestris* pv. *vesicatoria*	59
DcsG	299	unknown, *Chromohalobacter salexigens* DSM3043	39
DcsH	337	unknown, *Herpetosiphon auraantiacus* ATCC23779	30
DcsI	345	D-Ala-D-Ala ligase, *Streptomyces lavendulae* ATCC25233	93
DcsJ	299	membrane protein, *Streptomyces garyphalus* (CSH) 5-12	97

ORF：オープンリーディングフレーム

図 5.8　D–CS 生合成経路
○印：すでに立体構造が決定された酵素

ドロキシウレア (HU) は，アルギナーゼのホモログである DcsB により，N^ω–ヒドロキシ–L–アルギニンが加水分解されることで生成する．また，ヘム結合タンパクである DcsA が，L–アルギニンの水酸化を触媒し，DcsB へ基質を供給することもわかってきた．さらに，D-CS 生合成遺伝子群を大腸菌細胞に導入した結果，大腸菌が放線菌本来の生産量より多く D-CS を産生するシステムを構築した (Kumagai *et al.*, *Appl. Envir. Microbiol.*, **81**, 7881–7887, 2015)．さらに，これら D-CS 生合成に関与するすべての酵素の三次元構造（計 6 酵素）を決定すべく研究を進めている．

5.5　抗生物質が遺伝子発現を制御する

　筆者がパストゥール研究所で Bm 生産菌の自己耐性機構に関する研究を開始して数カ月経ったとき，日本の製薬企業から 1 人の研究員がやってきた．彼は，これまで温めてきた研究をやりたいとデービス教授とトンプソン (Charles J. Tompson) 室長に申し出た．その研究計画はトンプソン室長をかなり夢中にさせた．以下にそれを概説する．

　Streptomyces azureus はタンパク質合成阻害抗生物質として，チオストレプトン (thiostrepton: Thio) を産生する．この菌株からクローニングされた自己耐性遺伝子である Thio 耐性遺伝子は，放線菌ベクター pIJ702 における薬剤耐性マーカーとして使われているが，pIJ702 はトンプソンが創出した放線菌用クローニングベクターであり，筆者自身も Bm 生産菌の自己耐性遺伝子を取得するために利用した．その研究員は，Thio 耐性遺伝子 (*tsr*) を組み込んだプラスミドを保有する *S. lividans* を Thio 存在下で培養すると，少なくとも 4 つの機能不明なタンパク質が誘導発現されることを発見していた．Thio によるタンパク質の発現誘導は 0.5 µg/ml の

濃度で引き起こされ，10 μg/ml までは濃度依存性が認められた．4つのタンパク質の分子量は，それぞれ 17，19，30，56 kDa であり，そのうち，19 kDa タンパク質が最も多く誘導発現し，Thio 無添加に比べて 200 倍以上も産生する．彼は，トンプソンと共同実験を開始し，精製した 19 kDa タンパク質の N-末端アミノ酸配列を決めた．さらに，その情報に基づいて 27 塩基のオリゴヌクレオチドを設計し，19 kDa タンパク質をコードする遺伝子の取得に成功した．そして，thiostrepton-induced protein の頭文字をとり，この遺伝子を *tipA* と命名した．次に，*tipA* の全塩基配列を決定することにより，そのプロモーター領域と open reading frame（読み枠）を解析し，*tipA* タンパク質が 144 個のアミノ酸からできていることを突き止めた．さらに，彼らは *tipA* プロモーターの下流にカナマイシン（Km）耐性遺伝子を連結して，Thio 添加および無添加における耐性遺伝子の発現変動を観察した結果，Thio を加えるときにのみ Km 耐性が発現することを確認した．このように，Thio による *tipA* タンパク質の誘導発現は，*S. lividans* の細胞内に休眠遺伝子が存在することを示すものである．また，Thio には抗菌作用以外に特定遺伝子の発現を誘導する作用があるのだ．

　「微生物によってつくられ，微生物の増殖を阻害する物質」を抗生物質と称するが，上記の現象は，まさに，抗生物質が「特定遺伝子の発現をポジティブに制御する物質」として働くことを示唆している．筆者の研究グループもまた，抗生物質が特定遺伝子の発現をコントロールしている現象を見出した．この極めて興味深い現象を次に説明する．

　広島大学医学部へ移った筆者は，パリで取得した「*blmA*」の全塩基配列の決定とその遺伝子産物の機能を明らかにすべく研究を開始した．まず，*blmA* を pUC18 に連結しキメラプラスミド p181EB1

を構築した．このキメラプラスミドを大腸菌に導入したところブレオマイシン（Bm）耐性を獲得したことを受け，p181EB1 を保有する大腸菌を培養すれば blmA 遺伝子産物を量的に取得できるだろうから，それを in vitro での機能解析に利用すればよいと考えた．ところが意に反し，Bm 耐性大腸菌をアンピシリンや Bm 存在下で培養しても，blmA 遺伝子産物は量的にはほとんど発現しなかった．おもしろいことに，アンピシリン添加による 29 kDa タンパク質の産生量は極めてわずかであったが，Bm 添加により，この 29 kDa タンパク質は 100 倍以上過剰生産された．すでに決定していた blmA の塩基配列から推定すると，blmA 遺伝子産物の分子量は 13,179 のはずであり，この過剰生産されたタンパク質は目的タンパク質とは明らかに違っていた．そこで，29 kDa タンパク質を精製し，そのN-末端アミノ酸配列を調べて驚いたことは，このタンパク質が β-ラクタマーゼであったことである．ペニシリンを分解する酵素である β-ラクタマーゼをコードする遺伝子は，ベクターとして用いたpUC18 上に存在する．β-ラクタマーゼの過剰生産は blmB やトランスポゾン Tn5 由来の Bm 耐性遺伝子では起こらないことから，blmA 遺伝子に特異的であろうと考えている．これらの現象から判断すると，Bm には blmA と協調して β-ラクタマーゼ遺伝子の発現を誘導（あるいは活性化）する機能のあることを示している．すなわち，先に述べた Thio と同様，Bm にも特定遺伝子の発現をポジティブに制御する機能があるといえる．

　このような現象を目の当たりにすると，改めて「微生物にとって，抗生物質は何なのか？」という疑問が生じてくる．人類は微生物の代謝産物を感染症の治療薬として利用している．それが抗生物質である．筆者としては，「微生物は，どんな目的で抗生物質をつくるのか？」をぜひ知りたい．抗生物質をつくる生物学的意義につ

いてはいくつかの仮説を提案することができる．たとえば，「放線菌は抗生物質をつくる．だが，この微生物は真正細菌に比べると増殖速度が遅い．そこで，細菌と放線菌がともに生活している土壌中で，増殖速度の遅い放線菌が増殖の速い細菌を抑えて栄養を摂取するためには，毒を出してまず細菌の増殖を阻害する必要がある」という仮説である．だが，「土壌中での放線菌の抗生物質産生量はわずかであり，そんな量では細菌の増殖を抑えることはできない」と主張する研究者もいる．抗生物質産生の生物学的意義については微生物に聞くしかないが，少なくとも，いくつかの抗生物質には，微生物やがん細胞の増殖を抑えるだけではなく，別の機能，すなわち，特定の遺伝子の発現を調節する機能があると考えてもよいのではないだろうか．

次世代感染症治療薬

　抗生物質の効かない細菌のなかでも，複数の抗生物質に耐性を示す，いわゆる「多剤耐性菌」の出現は人類にとって極めて脅威である．製薬企業が努力の末に新たな抗生物質を開発しても，使用し続ける限り必ず薬剤耐性菌は出現する．WHOは，「ありふれた感染症や軽度の怪我でさえ，多剤耐性菌の出現により，命を落としかねない時代が到来した」との警告を発している．抗生物質耐性を示す病原性微生物は，突然変異などによる状態変化と選択の繰り返す，いわゆる「ダーウィン進化」のプロセスを経て出現すると考えられている．新しく抗生物質を開発しても，薬剤耐性菌の出現が必ず繰り返されることから判断すると，既存の抗生物質をいかに計画的に治療に使っていくかを考えるべきであり，さらに新抗生物質の開発にあたっては，既存の標的部位でなく，まったく異なる発想法で抗生物質の標的部位を探す必要がある．

　これまで抗生物質（抗菌剤，抗生剤）の開発は，DNA，RNA，タンパク質，細胞壁などの生体成分をターゲットとして，これら生

体高分子の合成を阻害する物質を求めてきた. 2015 年のわが国の
の医薬品市場では，細胞壁ペプチドグリカン合成を阻害する β-ラ
クタム系抗生物質（3 種），タンパク質合成を阻害するマクロライ
ド系抗生物質（2 種），DNA 合成を阻害するニューキノロン系（3
種），カルバペネム系（1 種）などが，抗生物質の種類別売上高の
上位にランクされている.

　2016 年 9 月 5 日付の SankeiBiz が報じた記事を以下に紹介する.
それによると，抗生物質の開発は，開発に費用をかけた割には，耐
性菌問題で利益を見通せない状況にある. したがって，大手製薬企
業はここ十数年来，新たな抗生物質の開発にほとんど注力してこ
なかった. だが，最近になって，この傾向に変化が起きつつあると
いう. すなわち，どんな治療薬も効かない「スーパーバグ（超耐性
菌）」の登場で，治療が難航する細菌性疾患が増加するなか，各国
の政府は薬剤耐性菌に立ち向かうことを支援し，感染症治療薬の在
庫補充の取り組みを後押しているというのだ. 実際，製薬企業各社
は抗生物質分野に再び着手し始めており，また，スイスのロシュや
米国のメルクなどの大手製薬企業は同分野の研究開発を強化し始め
ている. 事実，2016 年 1 月に開催された世界経済フォーラム年次総
会では，米国のファイザー，スイスのノバルティスやロッシュ，英
国のグラクソ・スミスクラインなどを含む 80 社以上の製薬会社や
バイオテクノロジー関連企業などが，薬剤耐性菌の脅威と闘うこと
を宣言した.

　米国の大手総合情報サービス会社ブルームバーグ（Bloomberg L.
P.）が製薬企業 18 社を対象に実施したアンケートでは，抗生物質の
開発研究費が今年は平均 36% 増加し，研究スタッフも 6.5% ほど増
す見込みであるという. また，これら製薬企業が開発中の薬剤候補
のなかには，臨床試験の初期段階にあるものが 5 つ，中期段階にあ

るものが4つ，さらに研究の進んだものが9つもあった．細菌の防御能力を弱めることで既存抗生物質の有効性を高める薬剤を開発しているスコットランドの企業ノババイオティクスのCEOは，「開発の取り組みは間違いなく活発化している．大手製薬会社が目を覚ました」と語ったという．米国のブリストル・マイヤーズスクイブ，およびイーライリリーなどの製薬会社は，過去15年ほど抗生物質の研究室を閉鎖した上に予算も削減し，この分野から手を引いていた．だが，各国の保健当局，議会，慈善団体が繰り出す魅力的な言葉の数々を聞いて，状況が変わり始めたようだ．

　わが国では，2011年にMRSAをターゲットとする感染症治療薬ダプトマイシン（daptomyin: Dpm）の製造が承認された（**図6.1**）．ただし，Dpmの基礎研究に関する報告はすでに1980年代に発表されている（Eliopoulos *et al*., *Antimicrob. Agents Chemother*., **30**, 532–535, 1986）．このように，新規抗生物質が発見されても，臨床使用までにはかなりの時間を要してしまう．

　ダプトマイシン（Dpm）は，MRSAによる感染症，敗血症，感染性心内膜炎，深在性皮膚感染症，外傷・熱傷などの二次感染に使用

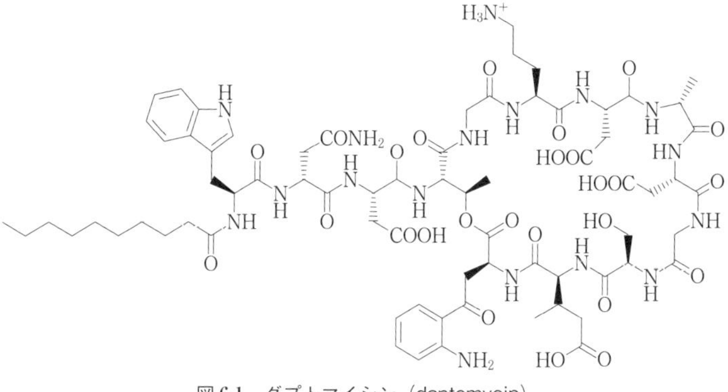

図6.1　ダプトマイシン（daptomycin）

されている．この抗生物質はリポペプチド系抗生物質で，MRSA以外に，β溶血性連鎖球菌，α連鎖球菌，VREを含む腸球菌などに対しても比較的強い抗菌力をもっている．また，グラム陽性桿菌や一部のグラム陽性嫌気性細菌に対しても抗菌力がある．Dpmはどのように作用するのであろうか．細菌の細胞には細胞質（cytoplasm）があり，それを取り囲むように細胞膜（cytoplasmic membrane）がある．さらなる外側には細胞壁（cell wall）がある．もし，細胞膜に穴があいてしまうと，細胞質にある物質が細胞外に漏出してしまう結果，死滅することになる．興味深いことに，Dpmは細胞膜と結合して，その膜に孔をあける作用がある．

　他方，東京工業大学（和地教授）の研究グループは，*Streptomyces* sp. A012304と名づけた放線菌が，ポルフィリン生合成の初期段階に関与するポルフォビリノーゲン合成酵素（PBGS）の活性を阻害する物質を産生することを発見し，それを「アラレマイシン（alaremycin）」と命名した（Awa *et al.*, *Biosci. Biotechnol. Biochem.*, **69**, 1721-1725, 2005）．アラレマイシン（Arm）は，ポルフィリン合成の前駆体「5-アミノレブリン酸（ALA）」と類似の構造を有している．2分子のALAがPBGSの作用で縮合し，ポルフォビリノーゲンとなる．Armは緑膿菌のPBGSを$K_i = 1.3\,\mathrm{mM}$で阻害した．さらにPBGS/Arm複合体の結晶構造を解析した結果，Armの4位のC=OとALA結合部位の1つのLys-260がシッフ塩基を形成し，7位のC=Oがもう1つのALA結合部位であるLys-205と水素結合を形成していることが判明した．すなわちArmは，PBGSの2つのALA結合部位をブロックする機能をもつ．このような阻害様式をもつPBGS阻害剤は，ユニークな抗菌剤となる可能性がある．

　ところで，抗生物質の臨床現場での使用にあたって，感染症治療

のための抗生物質の服用が腸内細菌叢に著しい影響を及ぼすほか，ウイルス性の急性呼吸器感染症（風邪）には抗菌薬が効かないにもかかわらず，米国や日本では 60% 以上の患者に抗菌薬が処方されていると推定されている．不必要な抗生物質の投与は腸内細菌叢を変化させ，それが体調に悪影響を及ぼすことは間違いない．

　次に，新たな感染症治療薬を開発するための最近の動向を紹介する．一部の細菌は自己の細胞密度（自己の周囲にいる細胞の数）を感知して，その数が閾値を超えると特定物質の産生を促すシステムが備えられている．そのシステムをクオラムセンシング（quorum sensing）という．ちなみに，「quorum」とは議会における議員定数を意味し，細菌の細胞密度が閾値を超えたときに初めて特定物質が産生されることを，議決されることに喩えた言葉である．クオラムセンシング機構を備えた細菌として，たとえば，発光物質を産生する *Vibrio fischeri* や，日和見感染菌として知られる緑膿菌（*Pseudomonas aeruginosa*）などが挙げられる．この機構によって細菌は，一定の細胞密度に達するまでは特定物質の産生を抑え，その後，細胞数が閾値に達したときに物質産生開始のスイッチを入れる．たとえば緑膿菌は，感染した宿主（ヒト）が健康なときには病原因子をつくらないが，宿主の免疫力低下により病原体に対する抵抗力が減少することで菌数が増加すると，クオラムセンシングのスイッチが入って病原因子の生産を開始する．緑膿菌が日和見感染を引き起こす理由の 1 つはこれである．

　クオラムセンシング機構に対する阻害物質を見つければその物質は次世代の感染症治療薬として利用できるかもしれないと考える研究者は，実際，筆者以外にもいる．その機構が分子レベルで調べられた結果，クオラムセンシング始動の際，細菌は予め「シグナル分子」をつくることがわかってきた．その物質は「オートインデ

ューサー（autoinducer）」と呼ばれ，その物質の細胞外濃度が一定値を超えたことを感知すると，細菌が自己の細胞密度をも知ることとなり，その結果として特定遺伝子を発現させるためのスイッチが入る．オートインデューサー（autoinducer）は自己誘導因子と意訳され，その因子が細菌行動を誘導するホルモンという意を込めてクオルモン（quormone）と呼ぶこともある．「ホモセリンラクトン」という物質をオートインデューサーとするクオラムセンシング機構は，多くのグラム陰性細菌に共通して見られる．たとえば，先にも述べた海洋細菌 *Vibrio fischeri* におけるルシフェラーゼ生産制御による発光現象以外に，*Yersinia* 属細菌における運動性の制御，植物病原性を示す *Erwinia* 属細菌の病原因子の産生などが知られている．

　ホモセリンラクトン以外のオートインデューサーも見つかった．AI-2 と命名された「フラノシルホウ酸ジエステル」がそれである．AI-2 の生合成酵素 LuxS は，*Escherichia coli, Salmonella enterica serovar* Typhimurium, *Vibrio cholera, Enterococcus faecalis* などグラム陰性細菌およびグラム陽性細菌を問わず見出されている．他方，グラム陽性細菌においては，「ペプチド」がオートインデューサーとして働いている例は多い．特に，黄色ブドウ球菌，腸球菌，クロストリジウム属細菌，リステリア属細菌は，「環状ペプチド」がオートインデューサーとして使われている．具体的には，黄色ブドウ球菌では，ヘモリシンや TSST-1 などの病原因子の生産を環状ペプチドが制御している．また，腸球菌では，ゼラチン加水分解酵素とセリンプロテアーゼの生産を制御している例が見つかっている．さらに，乳酸菌が産生する「バクテリオシン（bacteriocin）」と総称される「抗菌性ポリペプチド」の生産制御において，「ペプチド」をオートインデューサーとするクオラム

センシング機構が関与していることがわかってきた.

　別のアプローチでの新抗生物質を求めて，それを産生する新たな放線菌を探す取り組みが北里生命科学研究所の高橋洋子教授（現在，名誉教授）を中心に進められてきたことに触れたい．高橋先生は大村 智教授の研究グループに属し，「希少放線菌の探索分離研究」を推進してきた．先生は，細菌や放線菌の一般的分離用培地自体が活性酸素種を発生するのではないかと考え，培地成分の活性酸素（O_2^-）の検出を行った．その結果，その培地自体が O_2^- の発生源であることを突き止めた．たとえば，Nutrient Broth や Tryptic Soy Broth からも O_2^- の発生が認められたのだ．それらの培地にアスコルビン酸をはじめとする「ラジカルスカベンジャー（活性酸素やフリーラジカルを捕捉する物質）」を添加するとシャーレ上に生育する微生物のコロニー数が増加することを見出し，これまで分離できなかった放線菌に関して，新しい科で1種，新しい属で3種，新しい種で9種を発見している．このように高橋先生は，何気なく昔から使われてきた分離用培地が活性酸素の発生源であることを発見し，それをきっかけに，活性酸素種に感受性を示す放線菌を新たに分離する技術を開発したのである．その手法は極めて興味深いものであり，これまで未発見であった放線菌を顕在化させた．その成果として，新たな抗生物質の発見につながるものと期待される．

　ところで，製薬業界は他の産業に比べ，研究開発費の占める割合がかなり高い．新薬を開発するプロセスにおいては，多額の開発費用と10年を超える開発年月を費やしながらも，開発途中で研究を断念せざるを得ないことも珍しい話ではないようだ．特に，近年は開発に要する期間が長期化する傾向にあり，達成までに9〜17年間も費やしている例もある．ちなみに，1つの新薬の開発にかかる費用は500億円ともいわれ，国内大手製薬企業10社の平均開発費用

は，1999年で1社あたり433億円だったものが，2006年には2倍の858億円まで増加した．こうした背景から，一企業だけでは新薬の開発費を賄いきれず，国内の大手製薬企業同士で合併する例が増加した．2005年4月には，山之内製薬と藤沢薬品が合併して「アステラス製薬」が誕生した．さらに，その年の9月には三共と第一製薬が共同持ち株会社「第一三共」を設立し，最終的に2007年4月に経営統合された．2005年10月になると，大日本製薬と住友製薬が合併して「大日本住友製薬」が設立されたほか，帝国臓器製薬とグレラン製薬が合併して「あすか製薬」が誕生した．さらに同年，三菱ウェルファーマと三菱化学が「三菱ケミカルホールディングス」を設立し，2007年には田辺製薬と三菱ウェルファーマが合併して「田辺三菱製薬」が誕生した．

　実は世界的規模での製薬業界の大編成の動きは欧米で先行したのだ．M&Aの結果，世界の医薬品業界は業界ランキング1位の英国グラクソ・スミスクラインから10位の米国ジョンソン・エンド・ジョンソンまで，世界の上位10社までの製薬企業が資本金100億ドルを超えた．ちなみに，世界ランキング15位の武田薬品工業は，国内では1位である．現在，世界市場で競争力をもつ大型新薬を1つ開発するだけでも，10年を超える歳月と総額3億〜5億ドルの研究開発費が必要といわれている．グローバル製薬企業の戦略として，近い将来，どのようなタイプの感染症治療薬を開発するのか，大いに興味があるところである．

参考図書・引用文献

●参考図書

『パストゥール』岩波新書（第 9 刷）．川喜田愛郎，岩波書店
　　（1982）

『薬をつくる微生物』杉山政則，海鳴社（1985）

『微生物の狩人』岩波文庫（第 11 刷）．ポール・ド・クライフ著，
　　秋元寿恵夫訳，岩波書店（1990）

『エイズ疑惑』ション・クルードソン著，小野克彦訳，紀伊国屋書
　　店（1991）

『戦う医魂―小説・北里柴三郎―』篠田達明，文芸春秋（1994）

『ウイルスの反乱』ロビン・マランツ・ヘニッグ著，長野 敬・赤松
　　眞紀訳，青土社（1995）

『ペストの文化史―ヨーロッパの民衆文化と疫病―』朝日選書．蔵
　　持不三也，朝日新聞社（1995）

『微生物その光と陰―抗生物質と病原菌―』杉山政則，共立出版
　　（1996）

『ヘリコバクター・ピロリ菌』ブルーバックス．緒方卓郎，講談社
　　（1997）

『近代医学の建設者』岩波文庫（第 9 刷）．メチニコフ著，宮村定男
　　訳，岩波書店（1997）

『ウイルスは人間の敵か味方か』畑中正一，河出書房新社（1998）

『抗生物質が効かない』平松啓一，集英社（1999）

『基礎と応用 現代微生物学』杉山政則，共立出版（2010）

『エボラの正体—死のウイルスの謎を追う—』デビッド・クアメン
　著，山本光伸訳，日経BP社（2015）

●引用文献

A-ファクターによる放線菌の二次代謝・形態分化の開始機構．大
　西康夫・堀之内末治，化学と生物，**40**，185-190（2002）

DNA鎖を切断する抗生物質ブレオマイシンに対する耐性機構．杉
　山政則・熊谷孝則，蛋白質 核酸 酵素，**47**，1276-1284（2002）

化学療法の黎明期．北里一郎，日本化学療法学会，**51**，615-620
　（2003）

日本におけるスペインかぜの精密分析．池田一夫・藤谷和正・灘岡
　陽子・神谷信行・広門雅子・柳川義勢，東京都健康安全研究セン
　ター年報，**56**，369-374（2005）

『新感染症学（上）』「抗生物質生産菌の自己防衛機構」．杉山政則・
　熊谷孝則・的場康幸，669-673（2007）

線状プラスミド上の抗生物質生合成クラスターの解析とその応用．
　荒川賢治・木梨陽康，バイオサイエンスとインダストリー，**66**，
　504-508（2008）

放線菌ゲノム解析を応用した有用物質生産系の構築．池田治生・大
　村　智，化学と生物，**44**，391-398（2008）

微生物ホルモンのケミカルバイオロジー．大西康夫・堀之内末治，
　化学と生物，**47**（2009）

二次代謝産物の生合成遺伝子に基づいた放線菌のスクリーニング．
　小牧久幸，バイオサイエンスとインダストリー，**70**，351-355
　（2012）

*Streptomyces*属放線菌の抗生物質生産をナノモルオーダーで誘導
　するシグナル分子二次代謝調節分子の構造多様性．荒川賢治，化

学と生物，**52**，712-713（2014）

大村研究室必話とエバーメクチンの発見．岩井 護，化学と生物，
54（2015）

放線菌の創薬資源としての多様性—希少放線菌代謝産物からの物理
化学的性質を優先した物質探索—．高橋洋子，バイオサイエンス
とインダストリー，**72**，366-372（2014）

ポストゲノム時代に向けた微生物由来天然物医薬品の探索研究．池
田治生，化学と生物，**54**，17-26（2016）

Gentamicin, a new antibiotic complex from *Micromonospora*:
Weinstein, M. J., Luedemann, G. M., Oden, E. M. *et al*., *J. Med. Chem*., **6**, 463-464（1963）

Biosynthesis of fosfomycin by *Streptomyces fradie*: Rogers,
T. O., Birnbaum, J., *Antimicrob. Agents Chemother*., **5**（2）:
121-132（1974）

In vitro and in vivo activity of LY146032, a new lipopeptide
antibiotic: Eliopoulos, G. M., Wiley, S., Reiszner, E. *et al*.,
Antimicrob. Agents Chemother., **30**, 532-535（1986）

Isolation of a new antibaiotic, araremycin, structurally related
to 5-aminolevulic acid from *Streptomyces* sp. A012304, Awa,
Y., Iwai, N., Ueda, T. *et al*., *Biosci. Biotechnol. Biochem*.,
69, 1721-1725（2005）

Platensimycin is a selective FabF inhibitor with potent antibiotic properties: Wang, J., Soisson, S. M., Young, K. *et al*.,
Nature, **441**, 358-361（2006）

Platensimycin, a new antibiotic and "superbug challenger" from
nature. Häbich, D., von Nussbaum, F., *ChemMedChem*, **1**,
951-954（2006）

Molecular cloning and heterologous expression of a biosynthetic gene cluster for the antitubercular agent D-cycloserine produced by *Streptomyces lavendulae*. Kumagai, T., Koyama, Y., Oda, K., Noda, M., Matoba, Y., Sugiyama, M., *Antimicrob. Agents Chemother.*, **54**, 1132-1139 (2010)

Heme protein and hydroxyarginase necessary for biosynthesis of D-cycloserine. Kumagai, T., Takagi, K., Koyama, Y., Matoba, Y., Oda, K., Noda, M., Sugiyama, M., *Antimicrob. Agents Chemother.*, **56**, 3682-3689 (Electric publication 2012, April 30) (2012)

Crystallographic study to determine the substrate specificity of an L-serine-acetylating enzyme found in the D-cycloserine biosynthetic pathway. Oda, K., Matoba, Y., Kumagai, T., Noda, M., Sugiyama, M., *J. Bacteriol.*, **195**, 1741-1749 (2013)

Establishment of an *in vitro* D-cycloserine-synthesizing system by using O-ureido-L-serine synthase and D-cycloserine sythetase found in the biosynthetic pathway. Uda, N., Matoba, Y., Kumagai, T., Oda, K., Noda, M., Sugiyama, M., *Antimicrob. Agents Chemother.*, **57**, 2603-2612 (2013)

Structural biological study of self-resistance determinants in antibiotic-producing *actinomycetes*. Sugiyama, M., *J. Antibiot.*, **68**, 543-550 (2015)

The structural and mutational analyses of O-ureido-L-serine synthase necessary for D-cycloserine biosynthesis. Uda, N., Matoba, Y., Oda, K., Kumagai, T., Sugiyama, M., *FEBS J.*, **282**, 3929-3944 (2015)

High-level heterologous production of D-cycloserine by *Es-*

cherichia coli. Kumagai, T., Ozawa, T., Tanimoto, M., Noda, M., Matoba, Y., Sugiyama, M., *Appl. Environ. Microbiol.*, **81**, 7881–7887 (2015)

跋　文

　筆者が小学生〜中学生であった時代，わが国は高度経済成長期にあった．1964年に東京オリンピックが，1970年には大阪万博がそれぞれ開催され，1968年には国民総生産（GNP）が世界第2位にまで躍進した．それに加え，東海道新幹線や東名高速道路などの高速交通網の整備が，さらなる国内産業の活性化に大きく貢献した．その反面，当時は，工業地帯を中心に深刻な公害が健在化していった時代でもあり，水俣病，新潟水俣病，イタイイタイ病，四日市喘息といった「四大公害訴訟」が提訴され，加害企業の社会的責任が問われるようになった．

　科学技術の発展に少しでも貢献したいと思い始めていた筆者は，大学を選ぶにあたって，応用化学や化学工学のような化学分野の工学より，生物学的色彩が強い「醗酵工学」に興味を抱いた．その頃は，旧態依然とした大学運営に反発した学生を中心に，民主化を求めて大学闘争が起きていた時代でもあった．事実，筆者が入学した当時，教養部では講義中に学生が乱入し，講義が中止されたこともあった．

　筆者が入学した広島大学工学部醗酵工学科では，専門教育科目のなかに「分子生物学」があった．教科書はワトソンの『遺伝子の分子生物学』で，能美良作教授（筆者の恩師）による本講義内容はとても魅力的で，かつ，新鮮であった．当学科には5つの研究室があり，「ストレプトマイシンの発見」でノーベル医学・生理学賞を受賞したワクスマン教授の下に留学された能美教授が醗酵工学科の生

合成化学研究室を主宰していたので，そこで卒論を書くことを選んだ．学部卒業後，分子生物学的研究がしたくて，能美教授にお願いして広島大学原爆放射能医学研究所（現在，放射線医科学研究所）の大澤省三教授（化学療法・生化学部門）の研究室で過ごし，修士論文を書いた．大澤教授はわが国の分子生物学の草分け的存在で，修士論文の研究テーマとして「酵母の40Sリボソームタンパク質の分離精製」をいただいた．

　修士課程を修了してすぐ，能美教授から教員（助手）になるよう勧められ，望郷の念忘れ難くかなり躊躇したが，結局はそれを受けて教員生活を送りながら12編以上の原著論文を書き，それらをまとめて「ストレプトマイシン生産菌の自己耐性機構」という題目で学位（工学博士）論文とした．ちょうどその頃，米国ウィスコンシン大学のデービス教授から，ストレプトマイシン生産菌の自己耐性機構に関していくつか質問の手紙をいただき，それが筆者の人生に大きな転機を与えるきっかけとなった．デービス教授はその後，パストゥール研究所に招聘され，バイオテクノロジー部門・微生物工学ユニットを主宰されていた．筆者は，いつの日かパストゥールの育ったフランスに留学したいとの夢を抱いていたこともあり，日本学術振興会による日仏科学協力事業の交換研究者公募に応募した．幸いなことに，希望受入先と提案研究課題内容を記載した応募書類が一次審査を通過した．二次審査として大使館で実施された語学試験を受け，なんとか合格通知をもらい，家族を伴ってシャルル・ド・ゴール空港に降り立った．

　デービス研究室では，筆者の希望どおり，「DNA合成阻害剤としてのブレオマイシン（Bm）を生産する放線菌 *Streptomyces verticillus* の自己耐性機構の解明」をテーマとして研究生活を送った．ちなみに，デービス教授の研究室は国際色豊かで，フランス

人以外の研究者が多く，パリ滞在中，彼らに公私ともに大変お世話になった．帰国してしばらくしてから，縁あって広島大学医学部総合薬学科（薬品資源学講座）に移籍した．以後，外国人にお世話になったことへの感謝の意を込め，研究室では，外国人留学生の受け入れを積極的に進めてきた．

わが国の薬学教育が6年制になるのを契機に，2006年4月，医学部から独立した形で薬学部が新設され，定年を迎える2016年3月31日まで薬学部で研究生活を送った．研究室では，おもに放線菌を研究材料に，抗がん剤ブレオマイシン（Bm）および抗結核薬D-サイクロセリン（D-CS）を生産する放線菌の自己耐性機構解明，クローニングしたD-CSの生合成遺伝子クラスターの機能解析，ならびに大腸菌を宿主としたD-CSの高生産システムの開発などを手掛けた．それに加え，健康長寿社会の実現に少しでも貢献しようと，新たなテーマとして「植物からの乳酸菌の探索分離研究とその保健機能性開発」を放線菌研究と並行して進めてきた．その結果，植物由来の乳酸菌は動物由来のそれと比べ，胃酸や胆汁酸に対する耐性が極めて強く，保健機能性に非常に優れていることを実証し，実用化を念頭に多くの関連特許（国内10件，海外13件）を取得した．それらを実用化し，大学への外部資金を導入するために，定年退任と同時に，大学の配慮で産学連携研究を推進する「未病・予防医学共同研究講座」を平成28年4月1日付で設置していただいた．本講座は，大学院医歯薬保健学研究科の薬科学専攻に属し，学位取得希望の学生を受け入れており，プロバイオティクスによる未病・予防医学を研究課題として活動している．たとえば，研究テーマの1つとして，植物乳酸菌がつくる代謝産物を次世代感染症治療薬とするための研究を推進している．

ところで，感染症治療のために服用した抗生物質が下痢や便秘の

原因になることがある．抗生物質は，必ずしも狙った病原細菌のみに有効であるとは限らず，抗生物質に感受性を示す腸内細菌をも死滅させてしまう．ただし，腸内細菌への影響の大きさは，服用する抗生物質の種類および服用する患者の体質による．抗生物質の服用が影響して腸内細菌叢のバランスが乱れると，腸管不調が現れて下痢や便秘が誘発される．すぐには原因菌が特定できない感染症には，多種類の細菌に効く方が治療効果が期待できるので，治療開始にあたって「抗菌スペクトル」の広い抗生物質を使用する．しかしながら広域抗生物質の使用は，人体にとっての有益な腸内細菌に対して，より影響を及ぼしかねない．すなわち，抗生物質といっても，すべてが腸内細菌に対して同じように作用するとは限らず，服用後の下痢の発生頻度にも違いが現れる．たとえば，広域抗生物質として知られる「セフェム系第四世代，カルバペネム系，ニューキノロン系」は服用後に下痢を発生しやすいし，反対に下痢が起きにくい抗生物質は，「セフェム系第一世代，アミノグリコシド系」などである．ただし，これら抗生物質は抗菌作用を示す細菌が限定されてしまう．

わが国では，大学の研究力を利用して地域の産業を活性化するための施策として，文部科学省は 2002 年（平成 14 年），知的クラスター創成事業を公募した．その事業に採択されると，年間 5 億円の研究費が 5 年間にわたり，採択された県に供与されるという，極めて魅力的な施策であった．広島県の提案した「広島バイオクラスター」構想は平成 14 年に採択され，広島大学の研究者を中心とした数チームの研究プロジェクトが選出された．筆者は当時，放線菌の基礎研究のみでは大型研究費を獲得するのは難しいと考えていた．ちょうどその頃，広島の酒造会社から提案された「醸造副産物（酒粕）の保健機能性の追求」に関する共同研究を開始していた．

しばらくして，清酒の製造工程で副産物として得られる「酒粕」のなかに，乳酸菌を爆発的に増殖させる因子が存在することを発見し，乳酸菌の超増殖技術として特許を申請，特許査定された．さらに，自然界の植物に特化した乳酸菌の探索研究を実施し，取得した植物由来乳酸菌（植物乳酸菌）の保健機能性研究を開始したばかりであった．その研究が広島バイオクラスターの事業総括の目に留まり，平成 15 年度から正式に杉山研究プロジェクトが発足した．その後，経済産業省の地域資源活用型研究促進事業，および文部科学省の都市エリア産学官連携促進事業などの大型プロジェクトにも順次採択され，多額の研究費を得て，本格的な植物乳酸菌の基礎研究と実用化研究を継続できた．これまでに，果物，野菜，穀物，花，薬用植物から乳酸菌を多数分離し，600 株以上の同定済みの植物乳酸菌株からなる「ライブラリー」を構築した．それら菌株のうち有用な乳酸菌については，全ゲノム解析を積極的に進めている．そのゲノム情報から新たな研究のアイデアが浮かんでくるので，研究者冥利に尽きる．

　植物乳酸菌株を利用した次世代感染症治療薬の候補となる筆者の研究のうち，病原性細菌の毒素産生能を阻害する物質を産生する植物乳酸菌について以下に紹介する．この発明は，より詳細には，黄色ブドウ球菌の毒素産生能に対する阻害物質を植物乳酸菌の特定株が産生すること，ならびに，その利用に関するものである．その技術的背景として，一般的には抗生物質は微生物の増殖を阻害することから感染症の治療に汎用されているが，それを長期間にわたって用いると，当該抗生物質に耐性を示す細菌，いわゆる薬剤耐性菌が必ず出現する．特に，多剤耐性細菌，たとえば，MRSA の存在は医療現場で深刻な問題を与えている．

　病原性黄色ブドウ球菌といえば，ヒトの皮膚表面や鼻腔内に常

在する細菌であり，創傷部などから体内に侵入すると，感染症の発症リスクが極めて高くなる．特に，市中感染菌として拡散しているMRSA のなかに，Toxic Shock Syndrome Toxin-1（TSST-1）と称する「毒素性ショック症候群毒素-1」を産生する病原株は多い．臨床的に分離された MRSA の 75% が TSST-1 遺伝子を保有しているとの報告もあり，TSST-1 毒素がヒトの免疫系を撹乱させ，発熱，悪心，ショック症状を引き起こす．このような毒素産生性 MRSAに感染した場合，強力な毒素による重篤な症状と，使用可能な抗生物質が限られることから，治療は困難を極め，実際，MRSA 感染症による死亡率はかなり高い．

筆者の発明が解決しようとする課題として，薬剤耐性菌（特に多剤耐性細菌）の出現を抑制するために抗生物質の適正使用が要求されているほか，医薬品業界は，耐性菌に有効な新規抗生物質の開発に注力している．しかしながら，病原細菌は抗生物質存在下での生育を可能とするように遺伝子を変異させたり，転移遺伝子（トランスポゾン）を利用するため，抗生物質使用下では耐性菌の出現を避けることは難しい．したがって，抗生物質のみでは感染症を克服することは難しく，耐性菌を出現させないためのこれまでにない発想で治療薬を開発しない限り，感染症の完全克服は困難である．

筆者は本課題を解決するための手段として，乳酸菌研究を進めるなかで，植物乳酸菌の特定株を培養し，得られた培養上清中に，黄色ブドウ球菌の TSST-1 毒素産生能を阻害する活性をもつ物質を見出した．この TSST-1 産生阻害剤は，植物乳酸菌の特定株の培養上清中に検出される．その TSST-1 産生阻害活性を有する物質は，高分子量で熱に安定なポリペプチドおよび脂質を主構成成分とする化合物である（原著論文作成中）．これ以上の物性の記載は特許の関係で控えるが，乳酸菌の特定株が，病原細菌の毒素産生能を転写レ

ベルで阻害する物質をつくることがわかってきた.

　序章に記したように，筆者は，学部 4 年次に配属された研究室で放線菌を材料とした研究を開始した．その後，植物由来乳酸菌も材料に加え，これまで研究生活を送ってきた．筆者は，生涯を通じて一研究者でありたいと願いつつ，薬学分野にいる身として，健康長寿社会の実現に向けて，また，人類の悲願「感染症の予防・治療」に少しでも貢献できる研究を進めることで微力を尽くしたいと思う．ごく最近，麴菌の特定株をある培養条件下で固体培養すると，真正細菌の芽胞形成を阻害する物質をつくることを発見し，特許を申請した．この物質もまた，病原細菌の増殖制御に利用できるかもしれないと期待している.

　筆者は小学生の頃に読んだ伝記のなかで，「感染症の予防と治療」に生涯を捧げたパストゥールの生き方に共感したのを覚えている．その後，幸運にも日仏交換研究者としてパストゥール研究所で働くことができたことは，人生のなかで極めて貴重で，かつ，有意義なできごとであった．この研究所の近くにはロダン美術館があり，週末には妻と娘を伴ってよく訪れたものだ．「情熱をもって自分の使命を愛せよ．これほど素晴らしいものはない」，これはロダン（François-Auguste-René Rodin）の言葉である．筆者自身，真摯に研究課題に立ち向かいながら，生涯研究者でありたいとの夢と情熱をもって生きたい.

　跋文の最後に，わが父が残した句集のなかに見つけた，「花の雨ロダンの像を　ひた打てり」を記して筆を置く.

感染症と，放線菌のつくる抗生物質

―そのせめぎ合いに迫る―

コーディネーター　高橋洋子

　本書は，感染症に興味のある方，抗生物質に興味のある方，抗生物質は感染症原因菌の増殖をどのようにして阻害するのかに迫ってみたい方，抗生物質をつくり出す放線菌と，なぜ放線菌は細菌の仲間でありながら自分がつくり出す抗生物質によって死滅しないのかという生命の織りなす技と神秘に迫ってみたい方，必読の書である．本書では，よく耳にする「多剤耐性菌の出現」と，その抗生物質が効かなくなった理由，さらには，抗生物質と耐性菌の競争ではなく新たな発想による感染症治療薬を指向した次世代治療薬開発のための研究にも言及している．

　近年，製薬企業は，開発に要する時間と経費，および耐性菌問題などにより，新たな抗生物質の開発から手を引いてきた．しかし最近になって，薬剤耐性菌に立ち向かうことを各国の政府が支援し始め，海外の大手製薬企業も「抗生物質耐性菌の脅威と戦う」と宣言したとのことである．

　このような社会の動きのなかで，北里大学特別栄誉教授 大村 智先生が，2015 年のノーベル医学・生理学賞を米国のウイリアム・キャンベルと中国の屠呦呦（トゥ・ヨウヨウ：Tú Yōuyōu）とともに受賞した．大村先生とキャンベル博士の受賞理由は，抗生物質エバーメクチンの発見とその社会貢献で，屠氏のそれは抗マラリア薬アルテミシニンの発見およびこれを使ったマラリア治療による貢献である．エバーメクチンは，大村先生の提案による米国メルク社

との共同研究において，土壌から分離された放線菌の培養液より，
1979 年に動物の抗寄生虫薬として発見され，1981 年に商品化され
た．その後，アフリカや南米で蔓延していたヒトの寄生虫感染症
「オンコセルカ症」や「リンパ系フィラリア症」に有効であること
がわかり，医薬品として開発され，1988 年に WHO を通して感染地
域に予防薬として無償供与された．WHO は，これらの寄生虫感染
症がそれぞれ，2020 年，2025 年には撲滅されると報じている．

　今回の大村先生らのノーベル賞受賞は，抗生物質の分野において
は 1945 年のペニシリンの発見，1952 年のストレプトマイシンの発
見に次ぐもので，世界的に蔓延しつつある新たな感染症の脅威に立
ち向かう勇気を我々にもたらした．本書は，こうした社会的動向の
なかで上梓された，まさに時宜にかなった 1 冊といえる．

　放線菌は細菌の増殖を阻害する抗生物質をつくるが，“自分自身
も細菌の仲間であるにもかかわらずその抗生物質には非感受性” と
いういわゆる自己耐性機構をもっている．これは，どのような機構
に基づくのだろうか．著者の研究生活は，この根源的な問いを追求
することから始まった．1976 年，広島大学工学部の助手として採
用された著者がまず取り組んだのがストレプトマイシンの自己耐性
機構の解明であり，この分野の先駆けとなった．第 5 章では，他の
作用機序の異なる抗生物質生産菌の自己耐性機構も次々に解明され
ていくさまが詳細に述べられており，読者の目を釘づけにする．

　その後，著者はプロバイオティクスの研究に軸足を移して乳酸菌
の研究を開始し，自ら分離した菌株を製品化まで押し上げ，次々に
世に送り出した．対象とする微生物は変わったものの，人間の健康
に貢献するという視点は一貫しており，これらの業績に対して各界
から多くの賞を受けている．この共立スマートセレクションシリー
ズでは，乳酸菌についてを第 4 巻で，放線菌についてを本巻で著述

しており，著者だけになし得る圧巻である．

　第1章では「人類を襲う感染症」と題し，感染症とは何かに始まる．この章の約3割で，それぞれの原因微生物と症状について詳しく述べられている．近年の地球環境の急激な変化に伴うエマージング感染症（＝ "かつては認識されておらず，新しく認識された感染症"（WHO の定義））についてエボラ出血熱，SARS や AIDS を例に挙げて，それらの最初に現れた感染者と蔓延していった経過が詳細に述べられている．人間の営みによる地球の温暖化や森林伐採などによりウイルスの危険地域が拡大していった経過が記述され，読者はより正確に事実を認識できる．また，古くから知られている感染症についても，原因となる微生物群ごとに細菌，糸状菌（カビ），原虫，ウイルスに分けて整理され，それぞれの症状や原因菌ついて詳しく述べられている．たとえば，細菌感染症のなかの肺炎については，その原因菌がレジオネラ属細菌，クレブシエラ属細菌，ストレプトコッカス・ニューモニエ（肺炎球菌），マイコプラズマと多岐にわたり，それぞれ症状や蔓延する過程も異なることが丁寧に説明されている．食中毒と一言でいっても，細菌のサルモネラ菌，赤痢菌，大腸菌 O157 の場合もあれば，ノロウイルスやロタウイルスが原因のこともある，という具合に感染症の概要を知ることができる．

　さらにこの章では，ストレプトマイシンの発見者 S. A. ワクスマンが「微生物が生産する物質で，微生物の増殖を阻害する物質を抗生物質（Antibiotics）と称する」と提唱したことが記載されている．

　第2章では，「感染症治療薬の歴史」について述べられている．病原微生物と人類の戦いという観点から見れば，17 世紀末にレーベンフックが初めて顕微鏡で微生物を観察し，19 世紀半ばから炭疽菌，大腸菌，ペスト菌，赤痢菌などが次々に発見され，培養に成

功していくなかでフェノールを用いた消毒法などが用いられた．北里柴三郎が破傷風免疫抗体を発見し，1901年にはベーリングが北里と共同でジフテリア血清療法を確立する．そして本書で紹介されているように，1904年にエールリッヒと志賀 潔が，トリパンレッドという色素がトリパノソーマ原虫（睡眠病の原因）に有効であることを発見し，これが最初の化学療法薬といわれている．さらに，エールリッヒと秦 佐八郎によって500以上の色素で薬物試験が行われた結果，1909年に梅毒の治療薬サルバルサンを発見する．これが，エールリッヒと秦が"化学療法の父"といわれる所以である．エールリッヒは，細胞を染色しているときに，血液中の細胞よりマラリア原虫の方がメチレンブルーによく染まることを発見し，"人体内で微生物だけを殺す選択毒性"や"結合がなければ作用なし"という化学療法の概念を打ち立てた．この概念は現在でも，医薬品として用いられている化合物，あるいは生物活性物質探索の大原則となっている．

　この章では，フレミングが発見したβ-ラクタム系抗生物質ペニシリンの弱点を補うために改良されていった半合成ペニシリンの開発経過，放線菌の生産するストレプトマイシンの発見が契機となって国内外で放線菌由来の抗生物質が次々に発見され，臨床へと応用されていった歴史が詳細に記述されている．これまでに微生物から見出された生理活性物質は20,000種以上あるが，その半数以上は放線菌のつくり出す化合物であることが後述されており，さらに，第5章の「抗生物質を生む放線菌」では，現在，臨床使用されている抗生物質の80％が放線菌由来との報告があると述べられている．

　またこの章では，大村 智先生のノーベル医学・生理学賞の対象になったエバーメクチンの発見，開発経過について触れられており，本化合物の素晴らしさがよく理解できるように記述されてい

感染症と，放線菌のつくる抗生物質—そのせめぎ合いに迫る— 141

る．

　第3章では，抗生物質はどのようにして病原菌を死滅させるの
か，いわゆる作用機序について解説されている．まず，抗生物質を
その構造から，β-ラクタム系，アミノグリコシド系，マクロライ
ド系，ペプチド系，ポリエン系，糖ペプチド系等にグループ分けを
して，それらの副作用について触れたのちに，各論として作用機序
ごとに詳細に述べられている．DNAやRNAに作用する抗生物質，
タンパク質合成あるいは細菌の細胞壁合成を阻害する抗生物質の詳
細な作用機序について，我々人間の細胞である真核細胞との違いを
明確にしながら記述されているので，大変わかりやすい．

　第4章は，「抗生物質耐性菌の脅威」である．薬剤耐性機構は3
種類に大別される．薬剤が分解あるいは修飾されて抗菌作用が消失
してしまう場合と，病原菌の方が変化して薬剤の作用を受けないよ
うになる，あるいは薬剤が作用点に到達しないように透過性が変化
してしまう場合である．ペニシリン耐性菌の場合は，耐性菌が生産
するペニシリン分解酵素 β-ラクタマーゼによってペニシリンの β-
ラクタム環が加水分解されて抗菌作用が消失する．アミノグリコシ
ド系抗生物質もリン酸化，アセチル化といった修飾を受けて抗菌作
用が消失する．一方，グラム陽性細菌，陰性細菌に有効で広域抗菌
スペクトルを示し，比較的毒性が低いことから臨床で汎用されたテ
トラサイクリンの場合は，抗生物質が細胞内に透過しない，透過し
ても細胞外に排出されてしまう，などの作用で耐性化が起こる．こ
のような耐性メカニズムについて，どのようにしてその耐性化を獲
得するに至ったかが詳細に説明されている．また，メチシリン耐性
黄色ブドウ球菌（MRSA）に有効であるとして用いられたバンコマ
イシンにも耐性菌（VRE）が出現している現実が述べられ，これら
MRSAやVREに対して有効な，やはり放線菌の生産するプラテン

シマイシンが紹介されて，その作用機序から耐性菌が出現しにくいことが期待されていると述べられている．

第5章では，「抗生物質を生む放線菌」と題し，著者が読者に最も伝えたかったこと「抗生物質をつくる微生物，それが放線菌だ」，「放線菌は，どんな特徴をもつ微生物なのか」，「放線菌が，いかなる医薬用抗生物質をつくるのか」，「抗生物質は，どのような機構で病原菌に作用し死滅させるのか」，「なぜ，放線菌は自分がつくり出す抗生物質にやられないのか」がこの章に凝縮されている．ここでは，菌糸状に生育し胞子を形成する放線菌が細菌の仲間に入る理由，放線菌 *Streptomyces griseus* における知見，すなわち，その形態形成や抗生物質生産を制御する微生物ホルモン A 因子について言及されるとともに，自己耐性機構についてその作用機序ごとに詳細に述べられている．

放線菌の自己耐性機構の研究は，著者のストレプトマイシン生産菌における研究が先駆けとなった．その後，パリ・パストゥール研究所において，作用機序の異なるブレオマイシンの自己耐性機構の研究を手掛け，MRSA や他の菌株にも耐性遺伝子が存在し，そのタンパク質がブレオマイシンと結合すること，さらに，そのアミノ酸配列が，生産菌由来のそれとは相同性が低いにもかかわらず結合する理由は，その三次元構造の類似性にあることを明らかにした．これらの研究過程で，JAXA の協力を得てロシアの宇宙船でタンパク質溶液を運び，国際宇宙ステーションで結晶化を試みた話は著者ならではの研究者魂として興味深い．ストレプトマイシン生産菌において，その自己耐性遺伝子産物の合成が，抗生物質の生合成が始まる前に開始されることなども明らかにしている．

未だ解き明かされていない「微生物にとって，抗生物質は何なのか」，「微生物は何のために抗生物質をつくるのか」は，著者も私た

ち読者も最も知りたいと願っていることの1つである.

　高橋は約半世紀にわたって新規微生物, 特に放線菌の分離に携わってきたが, 同じ種に分類される放線菌でも土壌の採取場所が異なっていたらまったく異なる抗生物質を生産する場面に度々遭遇する. 著者の記述と同様のことを数多く経験してきた. 北海道の土壌から分離された放線菌 *Streptomyces hygroscopicus* と九州で採取された土壌由来の *S. hygroscopicus* では異なる物質を生産し, これを二次代謝産物生産の菌株特異性と呼ぶ. これまでに, *S. hygroscopicus* と同定された菌株から約300の活性物質が発見されている. 著者も述べているように, まったく異なる属の放線菌が同じ化合物を生産する場合もある. マクロライド系抗生物質のエリスロマイシンは *Saccharopolyspora erythreae* が生産するが, *Arthrobacter* 属の菌株も生産することが報告されている. このような事象に度々巡り合う.

　新規物質の探索源として新しい放線菌の分離に成功して, その代謝産物から新規で有用な活性物質を発見できたときの喜びはひとしおである. 微生物は, 人間が想像もできなかった構造物を提供してくれる. しかし, 新しい分類群の放線菌を分離できたとしても, 新規活性物質を生産しているとは限らない. これがまた, 放線菌の魅力でもある.

　自然環境と実験室との間に大きな隔たりがあることは改めて述べるまでもない. 放線菌の分離に通常用いられる寒天培地が実は活性酸素を発生しており, 活性酸素感受性の菌株は分離できていないことを突き止めた高橋らの報告についても本書では触れられている. 自然環境中には未だ多くの微生物資源が眠っている. 分離されたとしても, その微生物の機能を十分に発揮させ得ていないことは, 近年のゲノム解析からも明らかである. 本書によって, 改めて放線菌

の能力の奥深さを認識させられた.

第6章では,次世代感染症治療薬としてこれまでの抗生物質の概念とは異なる治療薬が望まれており,クオラムセンシング機構を利用した例などが紹介されている.

この間,製薬企業における天然物創薬研究の縮小が続いている.しかし,企業側からの新規化合物の要望が強いのも事実で,高橋もそのような場面に度々遭遇する.また,医薬品シードを求める研究者に微生物の生産する化合物研究への再挑戦を促す報文も多くなっている.前述したように,海外の大手製薬企業も抗生物質耐性菌の脅威と戦うことを宣言した.日本においても,異分野の力を総合的に結集した枠組みづくりが始まっており,これらを起爆剤にして天然物探索研究が一層活発になることを期待する.本書が読者に期待する最大の目的もここにある.

本書は,将来,研究者を目指している若い読者をも鼓舞するに違いない.さらには,現在,感染症制圧を目指し新薬の研究に取り組んでいる研究者や,放線菌の研究に携わっている研究者にとっても座右の書になるものと推察する.

放線菌研究について,あるいは抗生物質研究の歴史をもっと知りたい読者には,日本放線菌学会編『放線菌と生きる』(みみずく舎,2011)を薦める.また,新しい微生物資源の探索に興味のある方は,高橋洋子『微生物由来の天然物質探索の底知れぬ魅力』(化学と生物,**54**, 10-16, 2016)を参考にされたい.

索　引

【数字・欧字】

2″-phosphotransferase　　77
3″-adenylyltransferase　　75
3′-phosphotransferase　　76
3-acetyltransferase　　76
4′-adenylyltransferase　　76
6′-acetyltransferase　　76
6-aminopenicillanic acid　　51
6-アミノペニシラン酸　　51
7-クロロキン　　86
acetyl coenzyme A　　77
acquired immuno-deficiency syndrome
　　13,43
Actinoplanes teichomycetes　　92
adriamycin　　63
aerial mycelium　　91
AIDS　　10,13,43
alaremycin　　120
amikacin　　62,76
Amoeba　　36
amphotericin B　　58
ampicillin　　52
antibiotic　　12
arbekacin　　81
Aspergillus(*A.*)
　——*flavus*　　32
　——*fumigatus*　　32
　——*niger*　　32
　——*terreus*　　32

atinomycin D　　63
autoinducer　　122
avermectin　　6
avermectinius　　iii
A 因子　　93
Bacillus anthracis　　2,3
bacitracin　　63
bacteriocin　　122
BAT　　100
β-lactamase　　73
β-ラクタマーゼ　　73
β-ラクタム環　　73
β-ラクタム系　　65
bleomycin *N*-acetyltranmsferase
　　100
BLMA　　100
blmA　　100
blmB　　100
Bordetella pertussis　　22
Borrelia recurrentis　　32,49
Campylobacter jejuni　　19
Candida albicans　　35
carbapenem　　64
carbenicillin　　53
carfecillin　　53
carindacillin　　53
cell wall　　65,120
Cepharosporium acremonium　　51
chemotherapeutic agent　　47
Chlamydia　　30

Chlamydia trachomatis　　31	*Histoplasma capsulatum*　　34
Chlamydophila　　30,31	HIV　　13
Chlamydophila psittaci　　31	human immuno-deficiency virus
chloramphenicol　　55	13,43
chloramphenicol acetyltransferase	imipenem　　65
75	Institut Pasteur　　3
circular form　　106	ivermectin　　6
cleomycin　　63	josamycin　　63
Clostridium botulinum　　18,19,28	kasugamycin　　64
Clostridium difficile　　84	*Klebsiella pneumoniae*　　16
Clostridium perfringens　　20	lankacidin　　109
Clostridium tenani　　3,18	lankamycin　　109
cofactor　　77	*Legionella pneumophila*　　16
Corynebacterium diphtheriae　　20	*Leishmania*　　35
Cryptococcus neoformans　　35	*Leptospira interrogans*　　32
cytoplasm　　65,120	*Leptospiraceae*　　32
cytoplasmic membrane　　65,120	libromycin　　63
D-alanyl-D-alanine リガーゼ　　111	linezoid　　83
D-cycloserine　　104	Malaria　　36
D-サイクロセリン　　104,111	Methicillin-resistant *Staphylococcus*
daptomyin　　119	*aureus*　　53,80
daunomycin　　63	*Micromonospora olivoaterospora*
Dengue virus　　46	92
dibekacin　　62	mitomycin C　　67
DNA gyrase　　68	MMC　　103
DNA ジャイレース　　68	MMC 結合タンパク質 (MRDP)　　103
Entamoeba hystolytica　　36	monobactam　　65
Enterococcus　　82	multi-drug resistance　　81
episome　　78	*Mycobacterium leprae*　　21
erythromycin　　55	*Mycobacterium tuberculosis*　　20
Escherichia coli　　23	*Mycoplasma*　　17
formicin　　92	*Mycoplasma pneumoniae*　　17
fosfomycin (phosphomycin)　　92,104	nalidixic acid　　85
genome mining　　110	*Neisseria gonorrhoeae*　　26
gentamicin　　62,92	*Neisseria menigitidis*　　26
gramicidin S　　63	new quinolone　　68
Helicobacter pylori　　19	*Nocardia mediterranei*　　103
Histoplasma　　34	Norovirus　　44

索 引　147

nystatin　57
O157　23
ofloxacin　86
oleandomycin　63
Orientia tsutsugamushi　30
outer membrane　65
penicillin-resistant bacteria　73
penicillinase　53
Penicillium chrysogenum　92
Penicillium notatum　11,47,92
peplomycin　63
phleomycin　68
plasmid　78
Plasmodium vivax　37
platensimycin　84
polyketide　109
polymyxin　63
Pseudomonas aeruginosa　121
quinolone　68,85
quorum sensing　121
Rickettsiae prowazekii　29
Rotavirus　45
R 因子　78
Streptomyces (*S.*)　iii
──*alboniger*　97
──*avermitilis*　iii
──*caespitosus*　67,103
──*carzinostaticus*　68
──*erythraeus*　57
──*garyphalus*　105,111
──*griseochromogenes*　71,92
──*griseus*　12
──*lavendulae*　103,111
──*lavendulae* ATCC25233　105
──*lividans*　113
──*morookaensis*　97
──*parvulus*　69
──*peucetius*　69

──*peucetius var. caesius*　69
──*platensis*　84
──*venezuelae*　74
──*verticillus*　67,99
Saccaropolyspora erythraea　57
Salmonella (*Sal.*)
──*enterica* serovar Typhi　26
──*enterica* serovar
　Typhimurium　26
──*enterica* serovar Paratyphi A
　26
salvarsan　49
SARS　10,40
secondary metabolites　87
severe acute respiratory syndrome
　40
Shigella dysenteriae　4,27
spiramycin　63
Spirochaeta　5
Spirochaeta borrelia　13
Spirochaetaceae　32
spore　91
Staphylococcus aureus　2
Streptococcus peumoniae　16
Streptococcus pyogenes　22
streptomycin　56
Streptoverticillium 属　92
sulbenicillin　53
teicoplanin　92
tetracycline　55
thienamycin　65
thiostrepton-induced protein　114
tobramycin　62,76
Toxoplasma　38
Toxoplasma gondii　38
Treponema pallidum　31,49
Trichophyton mentagrophytes　34
Trypanosoma　38

Trypanosoma brucei 38
TSST-1 122
vancomycin 81,105
Vancomycin-resistant Enterococci 83
vegitative mycelium 91
Vibrio cholerae 28
Vibrio fischeri 121
Vibrio parahaemolyticus 28
VRE 83
Yersinia (Y.)
———*enterocolitica* 29
———*pestis* 3,29
Zika virus 45

【あ】

青カビ 47
悪性リンパ腫 64
アクチノマイシンD 63
アスペルギルス属 32
アセチル化 77
アセチルコエンザイムA 77
アドリアマイシン 63
アフリカ睡眠病 39
アボパルシン 82
アミカシン 62,76
アメーバ 36
アラニンラセマーゼ 111
アラレマイシン 120
アルベカシン 81
アントラサイクリン系 63
アンフォテリシンB 63
イェルサン 3
イベルメクチン 6
イミペネム 65
インフルエンザ 42
ウイルス 1
ウエルシュ菌 20

栄養菌糸 91
疫痢 27
エバーメクチン 6
エピソーム 78
エボラウイルス 10
エボラ出血熱 40
エマージングウイルス感染症 10
エリスロマイシン 11
エンテロトキシン 15
エンドトキシン 15
黄色ブドウ球菌 2
黄熱病 5
オートインデューサー 122
オキシテトラサイクリン 11
オフロキサシン 86
オレアンドマイシン 63
オンコセルカ症 6

【か】

外毒素 15
外膜 65
化学療法剤 47
カスガマイシン 64
カビ（黴） 32
芽胞 18
カルバペネム系 64
カンジダ 35
環状構造 106
気菌糸 91
寄生虫 35
北里柴三郎 3
基底菌糸 91
キノロン 68
キノロン系抗菌剤 85
キャンディダ 35
急性灰白髄炎 11
クオラムセンシング 121
クラミジア 30

クラミジア・プシタシ　31
グラミシジンS　63
クラミドフィラ属　31
クレオマイシン　63
クロストリジウム・ディフィシル　84
クロラムフェニコール　11
結核　20
ゲノムマイニング　110
原生動物　1
ゲンタミシン　62,92
原虫　1,35
抗がん剤　63
抗菌性ポリペプチド　122
抗生物質生合成遺伝子　109
抗生物質耐性　117
酵母　35
コレラ　11,28

【さ】

細菌　1
在郷軍人病　16
細胞質　65,120
細胞質膜　65
細胞壁　65,120
細胞膜　120
サルバルサン　49
ジカ（Zika）熱　45
志賀 潔　4
自己耐性　96
自己耐性機構　iv
糸状菌　14,32
指定伝染病　11
ジフテリア　11
ジフテリア菌　20
ジベカシン　62
重複遺伝子　107
猩紅熱　11,22
食中毒　19

ジョサマイシン　63
真菌　1
真菌症　63
深在性真菌症　34
真正細菌　106
髄膜脳炎　36
スーパーバグ　118
ストレプトマイシン　11
スピロヘータ　5
スピロヘータ・ボレリア　13
スペイン風邪　42
赤痢　4,11,27
腺ペスト　29

【た】

大腸菌　23
ダウノマイシン　63
多剤耐性菌　117
ダプトマイシン　119
炭疽菌　2
チェーン　11
チエナマイシン　65
腸炎ビブリオ食中毒　28
腸管出血性大腸菌　11
腸球菌　82
超耐性菌　118
腸チフス　11,26
腸内細菌叢　121
ツツガ虫病　30
テイコプラニン　92
テロメア　107
デング熱　45
糖ペプチド系抗生物質　63
トキソプラズマ症　38
とびひ　22
トブラマイシン　62,76
トランスポゾン Tn5　115
トリコマイシン　63

トリパノソーマ症　4,38

【な】

ナイスタチン　57,63
ナリジクス酸　85,86
二次代謝　87
二次代謝産物　87
乳酸菌　8
ヌクレオチジル化　77
ネオカルチノスタチン　68
ネズミチフス菌　26
野口英世　4
ノロウイルス　44

【は】

肺炎　15
梅毒　5,31
白癬　34
白癬菌　34
バクテリオシン　122
バシトラシン　63
破傷風　18
破傷風菌　3
パストゥール研究所　3
秦　藤樹　67
パラチフス　11,26
パラチフス菌　26
パラログ　107
半合成ペニシリン　52,73
バンコマイシン　81,105
ハンセン病　21
ヒストプラズマ　34
ビフィズス菌　8
百日咳　22
ピューロマイシン　97
表在性真菌症　34
ピロリ菌　19
フォルミシン　92

副作用　64
ブラスティシジンＳ生産菌　97
プラスミド　78,109
プラテンシマイシン　84
フラノシルウラ酸ジエステル　122
フレオマイシン　68
フレミング　11
フローリー　11
プロントジル・アルバム　50
プロントジル・ルブラム　50
分生子　32
ペスト　11
ペスト菌　3
ペニシリン　11
ペニシリン耐性菌　73
ペプチドグリカン　72,111
ペプチド系　63
ペプロマイシン　63
ベンジルペニシリン　51,73
偏性嫌気性細菌　28
胞子　18,91
放線菌　iv
法定伝染病　11
ホスホマイシン　92,104
発疹チフス　11,29
ボツリヌス菌　19,28
ホモセリンラクトン　122
ポリエン系抗生物質　63
ポリオ　11
ポリケタイド　109
ポリミキシン　63

【ま】

マイコプラズマ　17
マイコプラズマ肺炎　17
マイトマイシンＣ　67,103
マクロライド系　63
マラリア　36

マラリア原虫　86
ムレイン　105
メチシリン耐性黄色ブドウ球菌（MRSA）
　　53,80
モノバクタム　65

【や】

薬剤耐性菌　117

【ら】

ライム病　13
ラッサ熱　11
ランカサイジン　109
ランカマイシン　109
リーシュマニア症　35
リネゾリド　83

リポペプチド系抗生物質　120
流行性髄膜炎　26
流行性脳脊髄膜炎　11
淋菌　26
リン酸化　77
リンパ性フィラリア症　6
淋病　26
レジオネラ菌　15
レジオネラ症　16
レプトスピラ　32
ロタウイルス　45

【わ】

ワイル病　5,32
ワクスマン　12

著 者

杉山政則（すぎやま まさのり）

1976 年　広島大学大学院工学研究科修士課程（醗酵工学専攻）修了，工学博士
現　　在　広島大学大学院医歯薬保健学研究科　未病・予防医学共同研究講座教授，
　　　　　広島大学名誉教授

コーディネーター

高橋洋子（たかはし ようこ）

1970 年　北里衛生科学専門学院卒業，保健学博士
現　　在　北里大学名誉教授

共立スマートセレクション 22 *Kyoritsu Smart Selection 22* **感染症に挑む** ―創薬する微生物 放線菌― *Antibiotics and the producing Actinobacteria* 2017 年 12 月 25 日　初版 1 刷発行 検印廃止 NDC 465.8, 491.7 ISBN 978-4-320-00923-3	著　者　杉山政則　　Ⓒ 2017 コーディ ネーター　高橋洋子 発行者　南條光章 発行所　**共立出版株式会社** 　　　　郵便番号　112-0006 　　　　東京都文京区小日向 4-6-19 　　　　電話　03-3947-2511（代表） 　　　　振替口座　00110-2-57035 　　　　http://www.kyoritsu-pub.co.jp/ 印　刷　大日本法令印刷 製　本　加藤製本 　一般社団法人 　　　　　　　自然科学書協会 　　　　　　　会員 Printed in Japan

---

JCOPY <出版者著作権管理機構委託出版物>

本書の無断複製は著作権法上での例外を除き禁じられています．複製される場合は，そのつど事前に，
出版者著作権管理機構（TEL：03-3513-6969，FAX：03-3513-6979，e-mail：info@jcopy.or.jp）の
許諾を得てください．

見つかる（未来），深まる（知識），広がる（世界）

共立スマートセレクション

❶ 海の生き物はなぜ多様な性を示すのか
―数学で解き明かす謎―
山口　幸著／コーディネーター：巌佐　庸
・・・・・・・・・・・・・・・176頁・本体1800円

❷ 宇宙食―人間は宇宙で何を食べてきたのか―
田島　眞著／コーディネーター：西成勝好
・・・・・・・・・・・・・・・126頁・本体1600円

**❸ 次世代ものづくりのための
電気・機械一体モデル**
長松昌男著／コーディネーター：萩原一郎
・・・・・・・・・・・・・・・200頁・本体1800円

❹ 現代乳酸菌科学―未病・予防医学への挑戦―
杉山政則著／コーディネーター：矢嶋信浩
・・・・・・・・・・・・・・・142頁・本体1600円

**❺ オーストラリアの荒野に
よみがえる原始生命**
杉谷健一郎著／コーディネーター：掛川　武
・・・・・・・・・・・・・・・248頁・本体1800円

❻ 行動情報処理　自動運転システムとの
共生を目指して
武田一哉著／コーディネーター：土井美和子
・・・・・・・・・・・・・・・100頁・本体1600円

❼ サイバーセキュリティ入門
―私たちを取り巻く光と闇―
猪俣敦夫著／コーディネーター：井上克郎
・・・・・・・・・・・・・・・240頁・本体1600円

❽ ウナギの保全生態学
海部健三著／コーディネーター：鷲谷いづみ
・・・・・・・・・・・・・・・168頁・本体1600円

❾ ICT未来予想図
―自動運転，知能化都市，ロボット実装に向けて―
土井美和子著／コーディネーター：原　隆浩
・・・・・・・・・・・・・・・128頁・本体1600円

❿ 美の起源―アートの行動生物学―
渡辺　茂著／コーディネーター：長谷川寿一
・・・・・・・・・・・・・・・164頁・本体1800円

⓫ インタフェースデバイスのつくりかた
―その仕組みと勘どころ―
福本雅朗著／コーディネーター：土井美和子
・・・・・・・・・・・・・・・158頁・本体1600円

⓬ 現代暗号のしくみ
―共通鍵暗号，公開鍵暗号から高機能暗号まで―
中西　透著／コーディネーター：井上克郎
・・・・・・・・・・・・・・・128頁・本体1600円

⓭ 昆虫の行動の仕組み
―小さな脳による制御とロボットへの応用 ―
山脇兆史著／コーディネーター：巌佐　庸
・・・・・・・・・・・・・・・184頁・本体1800円

⓮ まちぶせるクモ―網上の10秒間の攻防―
中田兼介著／コーディネーター：辻　和希
・・・・・・・・・・・・・・・154頁・本体1600円

⓯ 無線ネットワークシステムのしくみ
―IoTを支える基盤技術―
塚本和也著／コーディネーター：尾家祐二
・・・・・・・・・・・・・・・210頁・本体1800円

⓰ ベクションとは何だ!?
妹尾武治著／コーディネーター：鈴木宏昭
・・・・・・・・・・・・・・・126頁・本体1800円

⓱ シュメール人の数学
―粘土板に刻まれた古の数学を読む―
室井和男著／コーディネーター：中村　滋
・・・・・・・・・・・・・・・136頁・本体1800円

⓲ 生態学と化学物質とリスク評価
加茂将史著／コーディネーター：巌佐　庸
・・・・・・・・・・・・・・・174頁・本体1800円

⓳ キノコとカビの生態学　枯れ木の中
は戦国時代
深澤　遊著／コーディネーター：大園享司
・・・・・・・・・・・・・・・176頁・本体1800円

⓴ ビッグデータ解析の現状と未来
―Hadoop, NoSQL, 深層学習からオープンデータまで―
原　隆浩著／コーディネーター：喜連川　優
・・・・・・・・・・・・・・・194頁・本体1800円

㉑ カメムシの母が子に伝える共生細菌
―必須相利共生の多様性と進化―
細川貴弘著／コーディネーター：辻　和希
・・・・・・・・・・・・・・・182頁・本体1800円

㉒ 感染症に挑む ―創薬する微生物 放線菌―
杉山政則著／コーディネーター：高橋洋子
・・・・・・・・・・・・・・・160頁・本体1800円

【各巻：B6判・並製本・税別本体価格】　**共立出版**　（価格は変更される場合がございます）